要説 高分子材料化学

米澤宣行 編著
相川俊一
石井　茂
岩田　薫
尾池秀章
下村武史
吉田泰彦 共著

三共出版

まえがき

「世界街歩き」というテレビ番組があった。海外の比較的よく名前の知られている都市の通りを旅行者が歩くという設定でカメラが移動して行く。お店や作業場に立ち寄ったり，住んでいる人に話を聞いたりする。そのような「目的半分・散策半分」で，何本かの道を歩く。実際には一度通ったところを横切ることもあっただろう。そうこうするうちに，なんとなく街の様子が立体的にはっきりしてきて，「この都市はこんなところなんだ」と鳥瞰的なイメージができあがる。これだけ情報に溢れた現代の世界・時代の学習者，いくつかの通りを辿ってみて，それを重ねて全体像を作り上げるそんな学術修得もあるだろうと思う。

本書は高分子材料に関する「教科書」を意図した書籍である。主に，箱・パイプ・繊維・フィルム・容器など何らかの物体の形を維持するのに使われる「構造材料」用途の有機材料について論ずるものである。ただし，包括的な知識を系統的に与えるものではない。日々変化している有機材料，特に高分子に関わる広範な範疇の材料とその主要構成要素あるいは主要原料として高分子素材と重なるところを持つ物質が使われる「高分子材料」について，その考え方を俯瞰的に学ぶことを目指した「教科書」である。そこで用いているのが化学の切り口である。高分子材料に関しては，最も妥当な切り口ツールであること，説明するまでもない。

さて，筆者自身は高分子科学や高分子材料科学に関しては，残念ながら学習失敗者だろうと自己分析している。もちろん本人のこらえ性の無さが最大の原因でこうなっている。しかし，他に要因がなかったかというと，多少心当たりもなくはない。卒業論文の研究室配属のきっかけに，頭脳作業よりは実験化学に逃げたという動機が的を射ている状況で有機化学に踏み入れたことはあった。その辺りや物理化学の勉強不足を差し引いたとしても，私には高分子の科目（授業）で出てくる項目と有機化学の用語との整合性がつかないことが本当に多々あった。有機化学は「高分子」や「高分子の化学」と直結した深い関係のはずなのに，逆に用語に閉口したということなのだ。私ほどではないにしろ，そのように感じる方もなくはないだろうと思う。私が最も苦労したものは，「その高分子」は「分子ではない」よね。個々の結合は有機分子と同じだが，固体の塊だよね。高分子材料＝高分子＝分子のはず？？　この辺り，用語とその概念が（曖昧さも含め）しっかり示されて分かれば随分と学習効率がよかっ

たであろうと思っている。その時の気持ち，そして，複雑な体系を如何にコストパフォーマンスよく理解したらよいか，この2つが本書の構想の出発であった。

　本書は7つの章から構成され各々の章が，それぞれ独立の首尾一貫して完結したストーリーを持った内容となるように心がけた。断片的な知識を集積するという姿勢ではなく，高分子材料のある切り口に沿ってストーリーを追いかける，という感覚である。そうして，全体像を把握して自分の立ち位置が客観的に分かるようになって欲しいと念っている。これから仕事の場，あるいは生活の場で新しく遭遇あるいは邂逅した高分子材料に対して立ち向かうときに，どういう考え方を使ったらよいかを考えられるような「知恵」をつけてもらいたいのである。

　本書の7つの章には次のような「機能分担」を意図した。
　1章　高分子物質と「高分子材料」　考え方の立場の整理
　2章　高分子の物理的性質　評価方法
　3章　高分子材料要論　全体マップ
　4章〜6章　高分子材料の化学工業的整理　各用途の素材樹脂の工業化学
　　4章　汎用熱可塑高分子材料
　　5章　硬化性樹脂
　　6章　高性能高分子材料　エンジニアリングプラスチックス，高性能繊維，高性能フィルム
　7章　地球環境の中の高分子材料例
　　　　膜技術，生体高分子，生分解性高分子材料

　1章では，特に有機化学を一通り学んだ学生が，高分子材料の分野で使われる概念や言葉を整理することをめざした。この章では比較的概念的な述べ方が少なくない。贔屓(ひいき)目には，高分子材料化学哲学の随聞記，教科学習次元としてはコンパクトな整理ノート，ということであろう。少し話がそれるが，仕事で要約文を作成するときの手法を思い描いてほしい。例えば200字程度の1つの段落で書くとする。普通は1文70字平均の3つの文での構成とする。そこでの最初の文は抽象的なまとめ，次の文で具体的説明，第三文目は具体的イメージを織り込んで第一文目を言い直すというのが無難なところ。本書の1章はこの第一文目ということであろう。様々な事象を整理するときの道標の集団のようなものである。同時に1章では，混乱している諸用語の整理使い分けを試みている。従って学習の際に，必ずしも最初にこなす必要はないと考えていただいて構わない。2章では基本的な物性を三項目に絞って化学構造とマクロな物性の相関の理解をめざしている。2章の物性も化学の目での理解を重視

している。3章は「高分子材料」全般を俯瞰的に述べるものである。4章から6章では，高分子材料を3つのカテゴリーに分けた上で，個々の高分子素材の化学工業製造をトレースしている。すなわち，どういう資源からどのように作られているかを追跡する姿勢である。過去，現在を知ることで未来を探ることは重要な素養と考えている。7章ではより具体的な商品・製品の立場で高分子材料と社会，特に環境側面との関わりを論じている。

　これらの各章，独立に完結しているということで，章の間で扱う項目に重複も存在する。これについては，「再度見直してもよいだろうし，流れの中で位置づけを確認するに止めてもよいであろう」と，それぞれのストーリーの相関を知る上では必要な重複と考えて，徹底的な重複削除はせずにしている。まさに，高分子材料界のストリート歩きで全体像を把握することを期待している。わが国の歴史的・社会的特性をまず大まかに学んだ海外からの旅行者が，「違いを知るためにどこを見るか」，基本的な話を聴いてもらう。そうした後，東京のダウンタウンの歩きガイド全般の説明を聞き，マップを頭に入れる。そして街に出る。築地市場（豊洲に移転しているかもしれないが）で材料を調べ，ディープな場外市場，高級デパートあるいは銀座・日本橋辺りの専門店，住宅地の商店を回り，最後に東京湾岸の大小の事業所を海から眺めて全体像を理解する。そういうツアーのようなものにしたいと思った。

　筆者達は20世紀に多種多様な高分子材料が登場してくるのを目撃した。むしろ，その主輪となって活躍した人もいる。そこでは，若い時期に有機化学の研鑽を積んだ先達が未開の分野のパイオニアとして大活躍した。いろいろな有機反応がいろいろなポリマーの開発に展開された。そして，その材料特性の向上や設定目標達成にまさに多種多様な成形法，介在物，添加剤の技術が大開発された。そして，研究や技術開発の主力は，若い時期から高分子化学プロパーとして育ってきた研究者・技術者によってひきつがれた。異分野との混在も全面的に進められた，原子サイズの微小世界における物質操作技術が展開されてきて，現在の「高分子材料」の社会は，「高分子」に関連がある物質が先頭を走る，スタート直後のマラソンの集団の用になっている。学習者たちはその真ん中に閉じ込められているようになっている。坂の上の雲は当然見えないし，どこにいるのか，本当にゴールに向かう道に行こうとしているのかも確信は持てない，そんな状況かもしれない。先頭の画像はテレビ中継されて，観客ははしゃいでいるだろうが，集団の中の人間には少なくとも，リアルタイムにその状況は分からない。よしんば見ることができたとしても，先頭の姿，全く集団の一点を示しているだけで，ロングタームに考えたときの方向性を的確に表しているとは限らない。

　21世紀の学習者が高分子の科学の最初から跡を辿って勉強を重ねていくには時間がなさすぎる。また，高分子の「根本原理」から演繹的に体系を作り上

げていくのも時間的に合わない。新しい概念や対処・克服しなければならないものに遭遇した時，私達はこれまでに自分が体験したことを利用して理解につなげる可能性を探るだろう。いくつかの情報を基に全体像を摑んで，状況を大まかに推定し，相違点を見極めて比較・重み付けを行う。フィードバックをしながら真の状況に近いところに持っていってどこかで決断して決め，それを根拠に対応にでる。コンピューターのアルゴリズム，X線結晶構造解析，計算機化学の構造最適化のようなものであろう。そのように考えた時，化学系の学生にとっても，高分子材料の科学の学習方法として従来の積み上げ型が適切だとは言い切れない。むしろ，膨大な高分子材料のビッグデータに対し，いろいろなストリート歩きという切り口を完結した短いストーリーで体験してみることがよいのではないだろうか。そういうストーリーをいくつかこなして頭脳の神経回路をつないでみたらよいと思うのである。そういういわば疑似体験を重ねることで未知の問題でも自分の側に手繰り寄せてどのように立ち向かうのか考えることができるようになるだろう。すなわち，知識や情報がどのように絡み合っていて，解きほぐすことができないまでも「対処」する知恵を生み出していけるような頭脳体質に変貌できると思っている。

　この本には重合反応速度論はないし，分子量の計算もモノマー反応性比もない。他にも高分子化学・物理プロパーが目をむくような，重要項目の不掲載であろう。言ってみれば，新奇高分子の開発を考えようとする人材を育成とするよりは，周辺を含む高分子の領域で仕事をするであろう学習者（こうなると化学学生の70%強になるが），スマートユーザー，スマート参謀になるために必要な思考法を学ぶ教科書ということになるであろうか。「高分子」開拓者ではない，関連分野の専門家のそれなりの理解・洞察力を目指す教科書と考えて活用していただきたい。

　本書の執筆に着手してから長い長い日数が経ってしまった。まさに月日を浪費してしまい，忸怩たるところがある。本当に辛坊強く待っていただき，粘り強い指導を賜った三共出版の秀島功氏には相応しい感謝の言葉を思いつくことができない。

2015年1月

米澤宣行

目　　次

1　高分子物質と高分子材料の化学を学ぶための基礎

- 1-1　高分子材料のイメージの整理 …………………………2
- 1-2　物質と材料の世界の中での高分子の位置づけ：
  「物質と材料」,「高分子物質と共有結合性有機固体」………5
- 1-3　高分子物質と高分子材料 …………………………9
- 1-4　ポリマーと小さな分子 …………………………10
  - 1-4-1　ポリマーの熱的性質 …………………………15
  - 1-4-2　ポリマーの溶解性 …………………………15
  - 1-4-3　高分子材料の機械的強度 …………………………16
- 1-5　高分子物質の関わる反応 …………………………16
- 1-6　高分子物質の構造と性質，高次構造化と材料化 …………23
- 1-7　生体高分子材料など …………………………27
- 1-8　まとめ …………………………28

2　高分子の物性

- 2-1　力学的性質 …………………………32
  - 2-1-1　応力とひずみ，変形 …………………………32
  - 2-1-2　弾性と粘性 …………………………33
  - 2-1-3　粘弾性 …………………………34
  - 2-1-4　無定型高分子の緩和弾性率 …………………………36
  - 2-1-5　動的粘弾性 …………………………37
  - 2-1-6　粘弾性体の非線形現象 …………………………39
- 2-2　熱的性質 …………………………41
  - 2-2-1　結晶化と融解 …………………………41
  - 2-2-2　ガラス転移 …………………………42
- 2-3　電気的性質 …………………………43
  - 2-3-1　誘電性 …………………………43
  - 2-3-2　誘電緩和 …………………………43
  - 2-3-3　導電性 …………………………46

3 汎用高分子材料

- 3-1 五大汎用プラスチックス ………………………50
  - 3-1-1 高分子の一次構造 ………………………50
  - 3-1-2 結晶と非晶 ………………………50
  - 3-1-3 熱可塑性と熱硬化性 ………………………51
  - 3-1-4 プラスチックスとは ………………………52
  - 3-1-5 プラスチックスの生産量 ………………………53
  - 3-1-6 汎用プラスチックスの一般的特徴 ………………………55
  - 3-1-7 五大汎用プラスチックス各論 ………………………56
- 3-2 ポリエチレンテレフタレート ………………………64
- 3-3 繊維 ………………………65
  - 3-3-1 繊維とは ………………………65
  - 3-3-2 合成繊維の生産量 ………………………66
  - 3-3-3 合成繊維各論 ………………………67
- 3-4 エラストマー・ゴム ………………………72
  - 3-4-1 ゴムとは ………………………72
  - 3-4-2 天然ゴム ………………………72
  - 3-4-3 合成ゴム ………………………73
  - 3-4-4 熱可塑性エラストマー ………………………74
- 3-5 接着剤・塗料 ………………………76
  - 3-5-1 接着とは ………………………76
  - 3-5-2 合成高分子接着剤 ………………………76
  - 3-5-3 反応型接着剤 ………………………77
  - 3-5-4 塗料用樹脂 ………………………79
- 3-6 光学的透明性を特徴とする高分子材料 ………………………80
  - 3-6-1 ポリメタクリル酸メチル ………………………80
  - 3-6-2 環状オレフィン系重合体 ………………………81
- 3-7 フィルム・シート・ボトル用高分子材料 ………………………81

4 高分子材料の製造・成形

- 4-1 成形樹脂（プラスチックス用樹脂） ………………………84
  - 重合方法の歴史 ………………………84
  - 熱可塑性樹脂各論 ………………………85
- 4-2 繊維用樹脂 ………………………96
- 4-3 フィルム・シート用樹脂 ………………………105

4-3-1 汎用フィルム用樹脂 ………………………………………… 106
4-3-2 汎用高性能フィルム用樹脂 …………………………………… 109
4-4 エラストマー用樹脂 ……………………………………………… 113
4-4-1 合成ゴム用樹脂 ………………………………………………… 113
4-4-2 熱可塑性エラストマー用樹脂 ………………………………… 115

5 汎用硬化型高分子材料

5-1 フェノール樹脂 …………………………………………………… 120
5-2 エポキシ樹脂 ……………………………………………………… 124
5-3 不飽和ポリエステル樹脂 ………………………………………… 126
5-4 ポリウレタン樹脂 ………………………………………………… 129

6 先端産業を支える高性能高分子材料

6-1 分子設計概念 ……………………………………………………… 136
6-2 エンジニアリングプラスチックス用高分子材料 ……………… 136
6-2-1 汎用エンジニアリングプラスチックス ……………………… 137
6-2-2 スーパーエンジニアリングプラスチックス ………………… 141
6-3 高性能繊維用高分子材料 ………………………………………… 146
6-3-1 耐熱・難燃繊維 ………………………………………………… 146
6-3-2 高強度・高弾性率繊維 ………………………………………… 147
6-4 耐熱フィルム用高分子材料 ……………………………………… 150

7 環境支える高分子材料

7-1 さまざまな分離に用いられる高分子膜 ………………………… 156
7-2 生体高分子 ………………………………………………………… 158
7-2-1 タンパク質 ……………………………………………………… 158
7-2-2 多糖類 …………………………………………………………… 159
7-3 未来の環境を考える環境低負荷型高分子材料とリサイクル ‥ 162
7-3-1 高分子材料の循環型社会への展望 …………………………… 162
7-3-2 生分解性高分子材料 …………………………………………… 163
7-3-3 高分子材料のリサイクル ……………………………………… 166

索 引 ………………………………………………………………… 171

―― エステルの名称について ――
　日本化学会の化合物命名法は，基本的に IUPAC の定める命名法を日本語に直すという立場で決められているものである。特別な取り決めを除くと英名のスペルを約束事にしたがってカタカナに直す立場をとっている。そこでは「〜ate」は「〜アート」とすることになっており，「テレフタレート」，「カーボネート」などはそれぞれ「テレフタラート」，「カーボナート」などと読み替えることになる。しかしながら，本書では従来の名称である「〜エート」への読み替えを使用している。過去から現在まで使われている名称，そして系統的命名法に従うものがあるということ，それを読者の皆さんには知っておいてもらいたいし，そのためには従来の命名法で記すのがよい選択と判断したからです。

1 高分子物質と高分子材料の化学を学ぶための基礎

本書は高分子材料化学の基本骨格を学ぶことを目的としている。ここには従来の教科書で必ず登場していた「必須項目」のいくつかは出てこない。それはあくまでも高分子材料化学の基本骨格についての検証を重ね，次にその検証結果に基づいてその骨格にできるだけ肉付けすることで，現実の高分子材料を原理的に理解できる力をつけることをめざしているからである。その中で本章では，高分子材料化学を学ぶ上で必要な，有機化学と高分子物質の化学との役割分担をはっきりさせることを念頭に，高分子材料化学の大枠を述べる。

本章の骨格

Ⅰ. 高分子材料のイメージ
- 具体的材料群　大まかな定義
- 熱可塑性/非熱可塑性，樹脂，素材と材料

Ⅱ. 材料の中の高分子材料，物質と材料，共有結合性有機固体
- 物質の種類　3つ
  - 結合的特徴
  - 結晶性
- 物質の構造と機能
- 高分子材料

Ⅲ. 高分子物質と高分子材料
- 素材→成形物
- ポリマーと巨大分子
- 非分子性共有結合物質
- 化学的特徴
- 物理的特徴

Ⅳ. 高分子物質と小さな分子
- 高分子と巨大分子
- 分子
- 高分子物質の性質

Ⅴ. 高分子物質に関わる化学
- 高分子の作り方の特徴―石油化学
- 高分子合成反応の概要と特徴
- 高分子反応

Ⅴ. 高分子材料の構造と機能
- 高分子材料の分類
- 高性能高分子と機能性高分子

Ⅵ.「生体高分子材料」
- 代表的な生体高分子
- 合成高分子と生体内で働く分子集合構造体との関係

Ⅶ.「高分子材料科学」に必要な整理と心構え

1-1　高分子材料のイメージの整理

　基本的に高分子材料とは，a) 有機物質，b) 固体，c) 樹脂・塊・平面状・繊維などの形状をしているもの，を共通の要素とする「材料」ということになろうが，それだけでは括れないいろいろな要素がある。例えば，人工物と天然物をそれぞれどう扱うかとか，特に，「高分子」と「高分子材料」とはどのような点で違っているのか，などをはっきりさせないと，学習上の大きな障害となる可能性があることも考えられる。

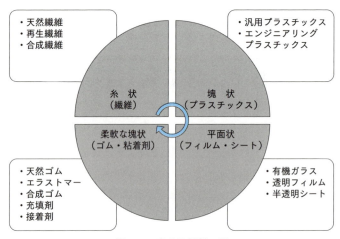

図 1.2　高分子材料の例

　高分子材料の例を図 1.2 に示す。かなり限定して並べたものの，高分子材料と呼ばれる「材料」の対象は非常に広い領域に存在し，まさに多様な形状と性質を示していることが分かる。ここで，少し飛躍してしまうが，高分子材料製品を「物質の配向性」という「原子・分子スケールでの構造的要素」，「熱に対する性質」の 2 つの指標で分類したも

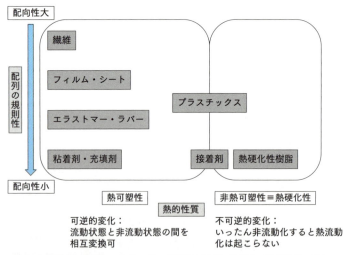

図 1.3　高分子材料のイメージ：製品例を配列の規則性／熱的性質で考える

のを図1.3に示す。

さらに，高分子材料のライフサイクル（物質循環）について，原料から始まって使い終わった後の扱われ方までの流れの典型例を示したのが図1.4である。ここには，各段階で物質や材料の変化と性質を考える際にカバーすることになる学術分野（科目分類）を示した。

高分子の原料となる特定の反応性を有する小さな分子の生成過程やそれらがつながり合っていく物質変換過程そのものと，高分子材料が小さな分子に戻った後の反応は有機化学の範囲となる。そして，高分子が生成する段階の物質系全体の変化挙動や生成物の高分子の反応や修飾，配列制御などを扱うのが高分子化学である。もちろん，工業化技術，経営戦略・実務が実用化との橋渡し役をするし，場合によっては門番役を努め，世に出る材料とそうなれないものを選別することにもなる。

従来の教科書の大部分は，高分子化学の題目の下で，高分子材料と呼んでしまっているものの化学全体を論じている。それに対して本書では，「分子」として扱うことができるか否かを1つのしきりとして重要視している。それを前提に分子性物質としての高分子の化学を明確に示すべく，「高分子**物質**の化学」という用語を用いてあえて区別して記すことにする。それは「大きいけれど分子」と「複雑な複合体」とは，最初から区別して取り扱った方が最終的にはよりすっきりと整理しやすくなるという考え方に基づく。

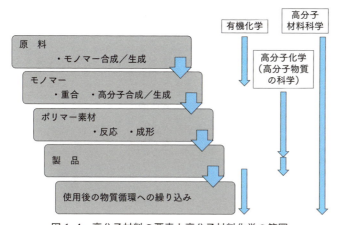

図1.4　高分子材料の要素と高分子材料化学の範囲

ここで，登場するいくつかの用語に触れておく。高分子材料は「化学」という学術体系が認識される以前から使われている材料であり，また，高分子化学工業は，高分子の概念が認知される以前から成り立っていた産業でもある。したがって，実用されていた場面や場所で用いられていた「用語」が数多く残っている。また，高分子材料のみならず，物質としての高分子の世界も明らかに複雑な物質複合系であり，いろいろ

な視点や概念がある意味無秩序に持ち込まれているという過去と現在の実態は認めなければいけないものであろう。当然用語もいろいろなものが用いられている。またそれとは別の複雑化原因となりうるが，本書では後ろのページで説明される項目・用語を用いてある概念を先に説明するような「無限循環」的な場面にしばしば遭遇するかもしれない。しかし，実際の世界では，演繹的に一方向の流れで論理が理路整然と進むことはない。むしろ，いろいろな事象からそれを貫く論理を浮かび上がらせるような帰納的な進め方の方が多いはずである。その意味で高分子材料化学では，突然登場するいろいろな概念や用語，初出時には曖昧な理解にとどまることが多いかもしれないが，柔軟に受け止めて臨機応変に学習を前に進めていただきたいと希望する次第である。

このようなことを説明した直後ではあるが，本書の構成上，説明場所を探すのに少々難しいがある意味便利で，そしてかなり重要な用語をここで説明しておく。それは「樹脂」である。この言葉は文字通りに，「木から滲み出てくる粘っこい物質」に端を発することはまちがいないだろうが，現在では「合成樹脂」の意味で用いることの方が多いだろう。「合成〜」であるから人工的な物質であることはすぐわかる。それがどのような範囲の物質あるいは材料を示しているかは，高分子材料の曖昧さを考える上でよい教材と思われるので，少し詳しく考える。

図1.5に樹脂と「呼ばれる物質」と「呼ばれないもの」を，あえて分けて並べてみた。

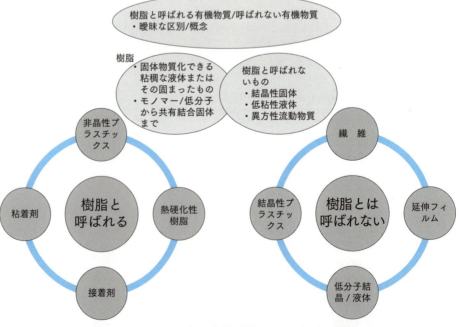

図1.5　樹脂と呼ばれる物質と樹脂とは呼ばれない物質

この仕分けを基に「樹脂」の概念に該当するものについてその要素を整理したのが図1.6である。

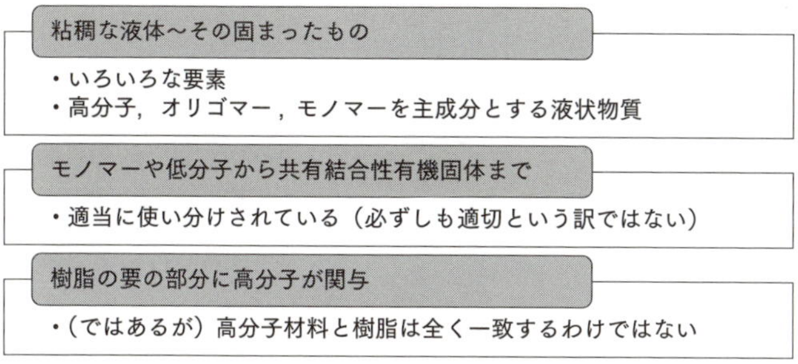

```
┌─────────────────────────────────────────┐
│ 粘稠な液体～その固まったもの                │
├─────────────────────────────────────────┤
│ ・いろいろな要素                          │
│ ・高分子，オリゴマー，モノマーを主成分とする液状物質 │
├─────────────────────────────────────────┤
│ モノマーや低分子から共有結合性有機固体まで    │
├─────────────────────────────────────────┤
│ ・適当に使い分けされている（必ずしも適切という訳ではない） │
├─────────────────────────────────────────┤
│ 樹脂の要の部分に高分子が関与                │
├─────────────────────────────────────────┤
│ ・（ではあるが）高分子材料と樹脂は全く一致するわけではない │
└─────────────────────────────────────────┘
```

図1.6　樹脂についての概念の整理

「樹脂」は高分子材料に関わる重要な要素を含有するものであることが分かると思う。立場を入れ替えると，高分子材料とは「樹脂」がもつ要素を1つ以上有する，広範な物質・材料群ということもできる。

1-2　物質と材料の世界の中での高分子の位置づけ：「物質と材料」，「高分子物質と共有結合性有機固体」

本節では，すでに多用してきている用語である「物質」と「材料」について整理する。また，学習上特に重要と思われる，「高分子（ポリマー）」と「共有結合性有機固体」という混同されやすい2つの概念についても区別しておく。

私たちが「材料」とみなす大部分の物質は固体である。物質の三態の1つである固体は，材料としては空間に「何か」を固定する役割，あるいは空間を仕切る役割をしている。前者は構造材料で枠を維持するものである。後者は容器や膜の材料と言えよう。気体や液体と比較すると，構成原子が位置を変えにくい状態であり，それが故に動きやすい液体や気体を閉じ込めたり，移動を制限したりすることができる「壁」を作りうることになる。

ここで最初に，私たちの生活，身の周りの多くの固体物質全体の大枠を考えてみる。私たちの生活を支えている材料を整理して考えるには，それを構成する主たる物質の種類によって分類することが1つの合理的な方法といえる（図1.7）。恐らく，皆さんがよく目にするのは，金属材料，無機材料，有機材料の三大材料に分ける考え方であろうと思う。さらに，固体物質は，通常，結晶性と非晶性に分けられる。ここで述べた三大材料もそれぞれ，結晶性と非晶性に分けることができる。さらに，「固体」の切り口に物質の集合状態という視点を持ち込むと，それは，固体の結合あるいは会合状態の特徴と置き換えられる。私たちはすでにいろいろな場面で意識的・無意識的に固体を分類しているが，ここでは，

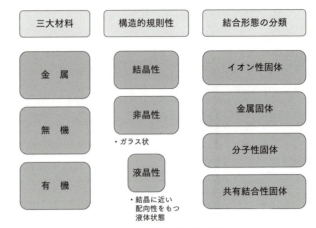

図1.7　固体（凝縮系）物質の分類

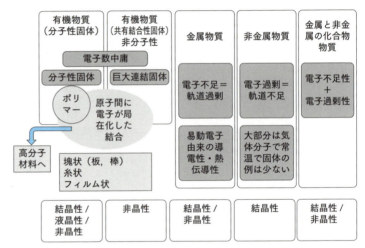

図1.8　固体物質（substance）の元素組成による分類

固体には，「イオン性固体」，「金属固体」，「分子性固体」，そして「共有結合性固体」があるという捉え方を採用することにする。

　結合や会合は化学結合論的に考えれば当然，原子核と電子の存在領域で説明のつくものであり，この二極性の過大評価には問題は多い。しかし，いわば慣れ親しんだ扱いということでこの分類を甘受することとする。

　イオン性固体や金属固体はすぐイメージできると思うが，分子性固体や共有結合性固体の概念はちょっと難しいかもしれない。

　ここで述べられている結合の概念を構成元素の種類に基づく結合の特性で整理したのが，図1.8である。

　ここで注意しなければいけないのが，「高分子物質」と「共有結合性有機固体」の区別とともに，「材料」と「物質」の区別という2つの概念の区別を同時に行おうとしていることであって，これら混同されがちでもあり少々ややこしいことである。確かに両者とも複雑なモノである。

しかし，何が共通で，何が違うかを見極めて，共通に考えることのできること，しっかりと区別しなければいけないこと，それぞれ判断して対応する姿勢を保っていけば，それぞれが理解可能な単純な姿を見せてくれるかもしれない。

さて，「共有結合性有機固体」という言葉であるが，これは有機分子と同様に炭素-炭素骨格が基本となって巨大に連結した物質をさす。エポキシ接着剤を固めたあとのように，モノマー分子が三次元的に絡み合いながら反応して1つの塊になったものを想像していただきたい。このように，いわゆる「分子」には当たらない巨大に連結した有機物で，ダイヤモンドのように結晶性のものとそうではない非晶性のものがあるが[*1]，「高分子材料」関連で登場するものの多くは通常非晶性である。「有機分子（性物質）」と「共有結合性有機固体」も有機物質として，それを構成する結合は本質的に共通であるが，「共有結合性有機固体」は統計的な集合体を形成する同一化学種という分子性は持ち合わせていない。一方，「高分子物質」は「分子」であるので，必然的に「共有結合性有機固体」は「高分子物質」とは異なるものになる。しかしながら，実際には，「高分子」と「共有結合性有機固体」は混同されて用いられていることが多い。むしろ，その違いを全く気にしないことが多いと思われる。本書ではこの曖昧さが高分子材料化学の学習にとっては阻害要因になるであろうと判断し，「高分子物質」と「共有結合性有機固体」とは「分子性」の観点で区別して考えることにした。ただし，あらかじめ断っておくが，ここにもさらにややこしいことが残っている。もちろん，「高分子物質」は「分子性」を有するが，その大きさに応じるかたちの制限つきでの「分子性」の発現であり，さらに分子量の異なる同族体の混合物がもつ「分子量分布」という要素が入るという，拡大摘要を認めるという前提での話ということになる。

「高分子」は大きくても「分子」であれば，これまで学んできた分子の振る舞いを拡張して理解することも可能なはずである。一方，高分子があるところで何らかの化学的修飾によって，「分子」から「有機分子と同等の結合性を保持した有機固体」に変わるところが出てくる。大きな分子である高分子が何らかの結合，あるいは絡み合いで「巨大原子団化」する変化を考えてみよう。その変化が連続的で，だんだんそれぞれの性質が変化して行くと，なかなかわかりにくい。分子の一部が統計的集団の要素として働くといってもよいだろう。犬の集団が一匹一匹ジャングルジムにつながれている状況みたいなものである。むしろ，材料も物質もこの辺りは分子の性質，この辺りは共有結合性固体の性質，くらいの柔軟な姿勢で臨む必要がある。そうしないと何がなんだかわからず

[*1] 黒鉛は炭素原子が平面的に規則的に結合して並んだ層が積み重なったもの。この1層がグラフェンにあたる。

に混乱してしまうだけになる．ただ，いずれにしても，そのような曖昧さを前提にした上で区別できるところはしっかりと区別するという考え方できっちりと整理しておいた方がよいことは確かであろう．

このような，ちょっと複雑な状況下，「共有結合性有機固体」と，「分子性固体」の一部である高分子物質（ポリマー）という物質群のさらにその一部が「高分子材料」というカテゴリーを形成している．これらの付加的考察を加えて「固体物質」を俯瞰的に眺めたものが前出の図1.8であり，ここにはその中で高分子物質や高分子材料がどのような位置づけになるか示してある．

次に，ここまでの短い文章ですでに登場している「材料」と「物質」という言葉であるが，これは化学的にはどのように区別したらよいだろうか？ちなみに，両単語とも英語ではmaterialとなる．それに対してsubstanceの意味合いは，「物質」にずっと寄っているであろう．

一方，「物質」自身も広い概念であり，「材料」を包含するように用いられることも多い．しかし，材料を「物質がシステム化され，ある機能を発現するようになった物体の構成要素」と考えれば，定義としてはその物理的要素，用途的要素の条件を満たすと考えられよう．材料を構成する要素としての物質は「素材」とも呼ばれ，素材は純物質であることもあり，混合物であることもある．これが合理的な解釈であろうと考えている．ただ，実際に使われている用語はニュアンスが微妙に異なるのは当然で，極端な場合には「素材」と「物質」が逆になっていたりする．実例に当たる際には「柔軟な受け止めを前提に，意味するところを素早く汲み取る」心積りが肝要であろう．

プラスチックスとポリマー　ここでちょっと先取りして，高分子材料の代表であるプラスチックス（plastics）に関する概念も整理しておこう．プラスチックスとポリマー（polymer）の関係も極めて混同しやすい．

まず，プラスチックスとは具体的にどの範囲の材料を指しているのだろうか．基本的には，固体の人工有機物で，硬い成形物をさすものであるが，広義の場合はフィルムを含めることもあるようである．後で述べるように繊維は入れない．粘着剤や天然ゴムも入れない．接着剤や塗料は，硬化後の形状はほとんど同じ不定形の固体であるが別扱いされる．

さて，プラスチックスは主にポリマーからできている．これはよいだろう．ただし，プラスチックスはポリマーそのものではない．プラスチックスが単独のポリマーのみから形成されるのは極めて稀なケースである．通常「可塑剤」が入るし，「安定剤」や「不燃化剤」も含まれる．

さらに，別のポリマーを混ぜてあることも多く，その場合「相溶化剤」も使われる。「ポリマーブレンド」である。無機物やガラス繊維を混ぜることも多い。スーパーのレジ袋は重量の半分程度が通常タルクと呼ばれる滑石（主成分はケイ酸マグネシウム）である。同様の物性発現が期待できる手法として「ポリマーアロイ」がある。これは「ポリマー分子鎖」の中に二種類以上の繰返し単位を含むもので，共重合により得られる（厳密にはブロック共重合）。

本節の最後になってしまったが，「ポリマー」と「高分子物質」あるいは「高分子」についてはすぐ後に説明する。これらの用語もそのニュアンスはケースバイケースで使い分けられるが，ここでは特に区別して使ったわけではない。

1-3 高分子物質と高分子材料

前節までの議論を踏まえ，「高分子物質」と「高分子材料」の関係について整理する。

最初に高分子材料を構成する素材からの分類を示す。図1.9に示すように，高分子材料と分類されるものは，ポリマー純物質のこともあるし，それに添加物の加わる場合，ポリマー分子を化学的に修飾する場合，そして，架橋などでポリマー分子が共有結合性有機固体へと変換されたもの，高分子を経ずに小さな原料分子から直接共有結合性有機固体となったもの，ハイブリッド材料などがある。現実には，それらの原料となる粘稠な物質―樹脂の一部―も高分子材料の範疇である。

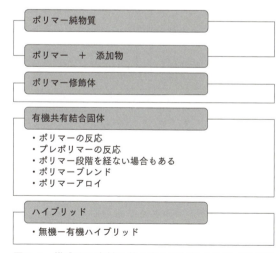

図1.9　構成する素材に基く高分子材料の分類（形状機能に限定）

高分子材料が使用されるのはその性質が有用だからである。それらの

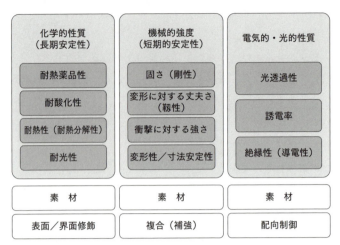

図 1.10 高分子材料の代表的物性と要素

性質の代表的なものとその性質を発現させている要素を整理したのが図1.10である。

ここでは化学的性質，機械的強度，電気・光学的性質の3つに分けて，それらにはどのようなものがあるか，そして，それがどのような要因で支配されているかを示している。これらの性質が素材に大きく依存していることは当然である。それに加えて，各性質を補助的に補整するプロセッシング手法として，それぞれ化学的処理，複合化，配向の制御があげられる。

1-4　ポリマーと小さな分子

本節では高分子と巨大分子，大きな分子と小さな分子について整理し，ポリマーに関する代表的な物理的性質の発現要素について簡単に概説する。

ポリマーの概念の確立　ポリマーという大きな分子の存在が認知されたのはそんなに昔のことではない。20世紀も四半世紀過ぎる頃まで，そのような大きな分子が存在することについては懐疑的だった。特に一種類の分子が次から次に結合して大きな分子になるということは，「不自然」だと思われていた。バラバラに散らばっている多数の分子が1つの繰返し構造の下，秩序正しく並んで結合して行くなどということは，確かにエントロピー的にみると不利なはずである。しかし，実際にポリマーは存在し，いろいろなポリマーを作ることができている。そこから，ポリマーの固体の物理挙動，溶液の物理挙動が調べられ，逆になぜそのような性質を示すポリマーが合成でき

るのかということの化学的説明も試みられてきている。

巨大分子と高分子　大きな分子を表す言葉に，「polymer」と「macromolecule」がある。それぞれ，有力な学術雑誌のタイトル名ともなっている言葉である。さらに，それぞれにBioがついたBiopolymersとBiomacromoleculesもともに存在する雑誌名である（複数形）。すなわち，現在はかなり重複した概念とみなしているということになる。また，日本語の学術用語としては，いずれも「高分子」となるのだろうと思われる。

しかし，おそらくpolymerとmacromoleculeは語源的にはしっかりと区別されていたはずである。

まず，polymerについてあるが，ポリマーはある特定の多官能性分子が何らかのメカニズムで線状に結合した構造の分子である。その際，特定の多官能性分子は一種類でなくても構わない。もともと語源的にも「poly＝たくさんの」，「～mer＝（連なった）もの」ということなので，同じもの（同じ要素を持ったもの）がある規則性を持ってたくさん連なったものとなる。それに対して，macromoleculeは分子の一次構造も二次構造以上の高次の構造も，きっちりと1つだけの巨大分子な分子を指していたのだろうと思われる。つまり，macromoleculeは単分散の分子量を持つ大きな分子，というのが元々の意味だったと推測される。一方，それは小さな分子と同様の化学結合要素を有する巨大な原子団の塊であるが，全く同じ構造の原子団が確かに存在する。この点で共有結合性固体とは違っている。酵素を例に考えてみれば，母集団の大きさ（要素数）は小さいがある同一原子団の統計的集合を作るという観点から，分子性を有する物質とみなせる。もちろん，この混乱は人間の便宜を図るためにごちゃ混ぜになって使われるようになった，という側面ばかりではなく，語源に照らし合わせると共有結合性固体と高分子と巨大分子の境界に存在するものも多数出てきたということも原因の1つとなっているのであろう。

同族体混合物としてのポリマー　上では，macromoleculeについて，単分散の大きな分子量と特殊な構造の分子と整理した。これは，特に生体内の酵素等の構造・作用機序を意識した見方である。一方，化学的に捉えると，まさに，小さな分子の純品と同じものと考えることができる。さらに，生態学的に捉えると，macromoleculeは必ずしも集合体として存在していなくても構わない，すなわち，巨大な分子1つで何らかのはっきりした機能を発現すると

いうこともある。それに対して、いわゆる polymer は存在形態がはっきり違う。polymer は上述の分子の要件を満たす大きな分子の「集合体」で、さらに、同族体の混合物である。すなわち、分子量の異なる分子の混合物で、必然的に構造（分子の大きさ）自身が統計的に扱われる必要のある、「分子量分布」を有する。そういった意味からは、ポリマーはミクロな視点では明らかに均質なものではない。しかし、区別の基準をどこか大雑把なところにしてしまえば、遠くからみたとき、同じ物質の集合体とみることができることになる。この点から、polymer の考え方は、統計力学的な考え方とよく似ているといえよう。一般に本書で構造材料を対象にする時、扱う相手は polymer であるが、この「polymer vs. macromolecule」の素性の違いは頭にいれておいて、「高分子」と出てきた時にどう扱えばよいか判断して対峙すべきというのが著者の考え方である。こういう主張も、そんなに変なものではない、と受け入れて貰えることを期待している。

ポリマーの端の構造　　ポリマーの構造式は（　）の中にモノマー分子由来の分子式・構造式に相当するもの（繰り返し単位）を書き込んで後ろの括弧に下付きの n をつける。これは、モノマー分子が n 個つながったポリマーであることを表す。この書き方は、基本的にはビニル重合型のポリマーでも、逐次重合型のポリマーでも同じである。もちろん、重縮合のように、モノマーから水等の低分子が脱離して高分子化が進行して得られる場合は、（　）内に入るのは、縮合後のモノマー分子の構造で、そのポリマーの「繰り返し単位」と呼ぶ。繰返し単位は厳密に言えば付加重合ポリマーでもモノマーの多重結合が1つ小さくなった構造になっている。その表記法においては、両端は曖昧にしか書かれていないのが通常である。実際の物質（分子）では開始剤がついていたり、失活の原因となった分子がついたり、様々である。ここは n が大きければ、両端を正確に書いても、大きな分子の中に飲み込まれてしまうだけとなる。正確につけたとしても、全体の性質や物性にそんなに大きな影響は与えない、そういう理由でポリマーの表記の際、両末端の分子構造は落とされることになる。

> **コラム**
> **高分子**：分子量が大きい分子　狭義には（ホモ）ポリマー
> **モノマー**：単量体のこと。連結（重合して）ポリマーを与える、原則二官能性の分子
> **ポリマー**：多量体のこと。同じ構造ユニットが数多く連結している分子⇔二量体，三量体

オリゴマー：重合が何回か進んださいの生成物で，ポリマーと扱われるほど大きな分子量になっていないもの

繰り返し単位：ポリマーの中に登場する同じ構造の単位で，重合するモノマーに対応する部分

分子性物質としての高分子物質（ポリマー）の特徴的性質　さて，皆さんには高分子性物質を考える時，

polymer ⇔ macromolecule ⇔ covalently bonded organic solid

の関係，相違をいつも頭にいれておいていただきたい。

最初に分子性物質としての高分子について整理しておこう。分子性物質としての高分子を，小さな有機分子と対比させながら考えるときの指

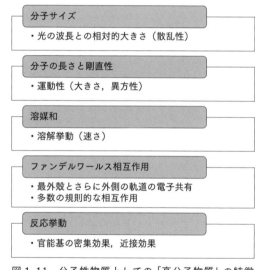

図 1.11　分子性物質としての「高分子物質」の特徴的性質

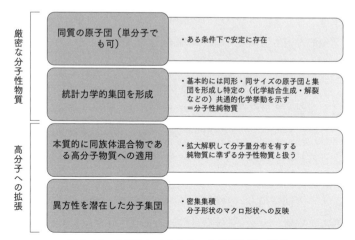

図 1.12　化学的にみたときの分子性物質の特徴

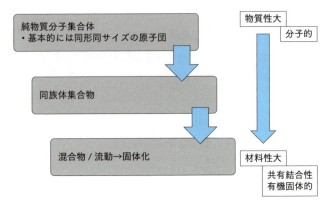

図 1.13 分子性物質から材料へ

標となる項目を図 1.11, 1.12 に示した。

さらに，高分子物質の，小さな有機分子と高分子材料との位置関係相関を図 1.13 に示す。

これまでにも述べてきているが，「共有結合性有機固体材料」と「鎖状ポリマー」は異質なものである。この中間に相当するのが「橋かけポリマー」である。ポリマーは 1％ 程度の架橋で不溶性になるが，部分的には，鎖状ポリマーの性質を示す。例えば，固体表面は液体と接していれば，溶媒和している部分が一部溶液的な挙動も示す。逆に，相互貫通型ポリマーという微視的には非拘束分子の要素をもつが不溶不融性の固体もある。この辺りについて知る必要のある方は他のより詳しい成書を参照されたい。

これらの関係を頭に入れた上で，今度はポリマーに関する代表的な物理的性質の定義とその意味の簡単な整理を試る。主な分子間力としてのファンデルワールス相互作用および極性相互作用と，分子運動の分子サイズ・形依存性を念頭に，ポリマーの熱的な性質の眺め方，特にガラス転移温度，そして，ポリマーの溶解性についてごく簡単に整理する。なお，電気的性質も含め物理的性質の詳細は 2 章で述べる。

ポリマー分子の部分運動と熱的挙動　大きな原子団の塊の中の部分構造別に性質を考える方法はポリマーの熱的な性質を分子運動レベルで考える時にも適用できる。

ポリマーは同族体混合物という，異なった種類の分子が統計的な分布に基づく混合物を形成している，擬似的に「純物質」とみなせる物質である。それと同時に，1 つの分子内の部分部分のいろいろな種類の運動が共存している。小さな置換基は動きやすい，あるいは回転しやすい，それに対して高分子の分子全体が動くようなことは起りにくいであろう。

そうすると，小さい分子のシャープな熱相転移の1つである融点は，ポリマーではブロードになったり観察されなかったりする。その代わり，ポリマー分子間およびポリマー分子内のサブユニットの熱相転移が少しずつ起こることになり，いろいろな相転移が観察されることになる。また，ポリマーによっては結晶性が全くないものもある。

1-4-1 ポリマーの熱的性質
（1）ポリマーの熱相転移の評価
通常は，熱重量分析（熱天秤），示差走査熱量分析等を測定して，熱的性質を評価する。このうち，熱量分析では，上述のようにポリマー分子間の状態の変化，分子内の部分構造の運動性の変化が絡み合っていて，一般に複雑な様相を呈す。

（2）ガラス転移温度
ポリマーなどの分子が，不定形（非結晶）で，固定されているガラス状態と流動状態の間の相転移が起こる温度。ポリマーの中には融点をもつものもあり，軟化点が見えるものもある。

（3）熱分解温度
ポリマー分子内の結合の切断を伴う化学変化が起こる温度。上に述べた，ポリマー分子間の反応で有機共有結合性固体化してから小さな分子へと解裂していくこともあり，熱分解反応は多様な反応が混じった複雑な様相を呈するのが一般的である。

1-4-2 ポリマーの溶解性
ポリマーの溶媒への溶解性とポリマー同士の相互溶解性を考慮する必要がある。

（1）溶 媒
ポリマー分子に溶媒がたくさんくっついて（溶媒和して）溶解がおきる。溶液重合で溶液として得られたポリマーを単離した後，同種の溶媒への溶解を試みても溶けないことがある。この挙動は，一旦溶媒和を外した後，溶解が可能なレベルまで溶媒和させるのはかなり大変なこと，と考えれば納得できる。これは後述する（p. 18）。

（2）相 溶
基本的には繰り返し単位の構造が大きく異なる異種ポリマーであれば混じり合うことはない。そのようなポリマー同士を混じり合わせるためには特殊な工夫が必要。相溶化剤を用いる方法はその1つ。

1-4-3 高分子材料の機械的強度

有機物質が，固体として存在する際に働く力そのものは比較的少ない種類に集約される。しかし，有機分子そのものの異方性はまさに無限の種類の相互作用をもたらす。加えて，材料の機械的強度には多様な観点があり当然非常に多くの要因に支配されている。

基本的には，「ばねモデル」と「ダッシュポットモデル」の組み合わせで単純化して考えることが行われる。比較的柔らかなガラス相の中に固い結晶相が点在するような海島構造により，機械的強度の発現が大きく変わることや，フィラーと練って変成すると大きく強度が上がることがいろいろなポリマーで観察されていて，実際にも使われている強化プラスチックスと呼ばれる。高分子材料の機械的強度については2章で現実的に論じる。

1-5 高分子物質の関わる反応

本書ではポリマーの生成に関し，工業的に製造される過程を軸に理解する形でも述べている。本節では，高分子物質についてまずその生成反応の概要と特徴を学び，次いでポリマー自身の反応，そしてポリマーまたは硬化物質の分解反応の概要を理解することをめざす。

ポリマー登場から21世紀初頭の現在に至るまで，高分子の合成は化石資源原料をベースに行われてきている。これから後の何章かでは，ポリマーが石油から製造される過程について詳しく述べることになる。石炭ベースの製造からの変化について書かれているところもある。このように，現行の主流の製造方法とこれまでの変遷を知ることは，これからどうなるべきかを考える上で重要である。特に，長期的には製造原料が再生可能な資源であることが求められていくことは間違いなさそうで，そのためには，今後植物産出物質の原料化とともに，天然高分子の活用も見直されるかもしれない。

通常の高分子化学の教科書では，高分子の合成反応について詳しく述べられていると思われる。普通そこで書かれているものは実験室レベルの手法であることが大部分である。本書ではこれに関する詳述は避ける。この部分については多様なレベルの成書が多数入手可能である。必要だと判断される方はそちらを当たっていただきたい。

ポリマーの生成反応 ポリマーの生成反応は基本的に有機反応そのものである。ただし，小さい分子を合成する反

応と比べるといろいろな制約があることがわかる。

　まず，高分子合成反応では，全ての変換段階において反応が定量的（収率が～100%）であること，基本的にクロマト分離・再結晶での単離生成ができないこと，蒸留による生成物の単離もできないこと，などである。

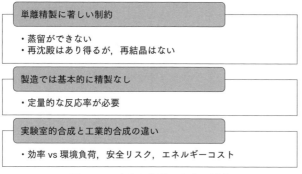

図 1.14　高分子物質の合成・製造

　ポリマーの生成反応には大きく分けて，ビニル型重合と逐次型重合がある。

　ビニル型重合は基本的に付加反応で進行する。ビニル型モノマーの重合が該当する。正確に表現すれば，物質変換反応としての付加反応の「半反応」が連続して起こることで同質の繰り返しをもつ大きな分子が生成することを指して付加重合(addition polymerization)という。逐次型重合は分子鎖を伸ばす伸長が基本的に「置換反応」あるいは「付加反応」で進行する。重縮合(縮合重合)や重付加である。重付加(polyaddition)の「付加反応」は「各段階が完結した付加反応」で，高分子量体のポリマーが生成するには多くの独立した「付加反応」が起こることになる。それに対して付加重合は重合が始まって停止するまでが 1 つの付加反

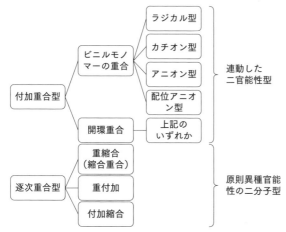

図 1.15　高分子物質の合成反応の概要

応ということになる。ただし，少々厄介なことに，「ビニル型重合」と「逐次型重合」のそれぞれに対して，「逐次型」と「連鎖型」がある。

これらの反応挙動は詳しく調べられているが，重合の反応支配要因は複雑で，ポリマーひとつひとつに特有の個別な生成反応挙動があると考えるのが実際的である。

典型的な挙動，特に反応速度式の解析，分子量・平均分子量（いくつかの計算方式の値が用いられる）・分散多重度（分子量分布の広がり方の度合い）は，高分子化学の入門書を見ていただきたい。

ポリマーの溶解性と重合反応　溶液重合の場合には，モノマーの溶媒和分子のいくらかはそのまま生成したポリマー分子あるいはその生成途中段階のオリゴマーに受け継がれることになる。ただし，そうして溶媒和が保持されたとしても，分子のサイズの効果でコロイド状態になってしまう。通常はその前に溶媒和分子が追い出されて高分子の分子と分子が会合することになる。そして，いったん固体になってしまうと，同じ溶媒に溶かそうとしても再溶解は難しいことも多くなる。つまり，反応中に重合溶媒として生成ポリマーが溶けていた状態が再現できなくなる。これは，もともと溶媒和していたモノマーが溶媒分子ごと連なるのと，大きな分子が溶解に必要なだけ十分な量新たに溶媒和されるのでは，確率が全く異なるということで説明できると考えてよい。

一方，溶解性が低下することは高分子材料の性能の視点からは不利なことではない。実際の製造上問題になるのは製造コストである。ここでコストと言っているのは環境への負荷も含めた総合的なものである。製造上コストの大きな割合を占めるのが分離過程である。実験室的な再結晶やクロマト分離はもちろん，溶媒留去や蒸発乾燥も避けたいというのは実際の製造において当然のことである。これらの状況を考えると，実際の製造では溶媒を使わない，反応生成混合物がそのまま素材となるようなプロセスが好ましいということになる。この視点でとらえた具体的な製造方法例を図 1.16 に示す。

汎用合成ポリマーの大部分はビニルモノマーの付加重合で合成される。製造過程での要求を実現する重要な方策が高活性の重合系を実現するモノマーと開始剤（触媒）系の開発となる。

また，20 世紀後半から数十年間に立体規則性重合が進展して，極めて多彩なポリマーがえられるようになってきた。そこで立役者となったのが触媒の開発である。通常の開始剤の反応では重合開始点から離れた，ポリマー鎖の逆の端に活性点ができる。ここに，新しいモノマーがつい

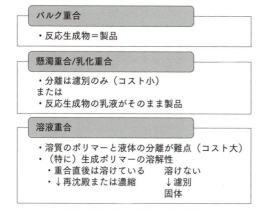

図 1.16 重合操作様式の特徴

てポリマー鎖がのびていくので，これはこれで立体障害が小さく，反応速度的には有利な点もある。しかし，いろいろな選択性の発現について考えると，下に示した触媒と生成ポリマーの結合部位に新しいモノマーが挿入される形の方がいろいろな制御はしやすいことになることは容易に予想できる。DNAがコドンから情報をもらって合成されるようなイメージである。実際にこの形で高度な選択性も実現でき，さらにリビング重合という，有用な重合法も開発されている。

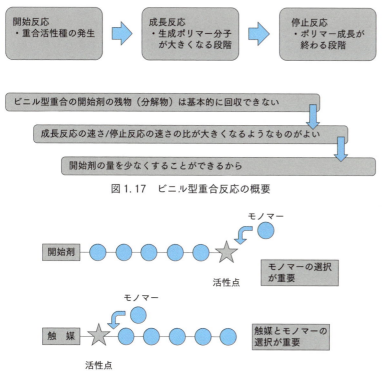

図 1.17 ビニル型重合反応の概要

図 1.18 ビニル型モノマーの重合における反応設計ポイント

ポリマー自身の反応　典型的なポリマー自身の反応として架橋がある。架橋は線状のポリマーが共有結合性固体に変わる第一歩と言える。繰り返し単位100個に1カ所架橋が起る程度でポリマーは不溶不融になるといわれている。

また，プレポリマーと呼ばれるポリマーの反応もある。これは，ポリマーとしての要件である繰り返し単位が多数連なって線状構造をしているものが，保有する反応点で結合し得て，線状構造を有しながら別のポリマーに変わるものである。ポリイミドの前駆体のポリアミック酸（ポリアミド酸），ポリベンゾキサゾールの合成などがあげられる。

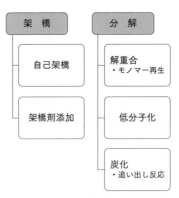

図1.19　高分子物質の主な反応

また，ポリマーにある性質を与えていた官能基が除去されるような反応が起って別の性質のポリマーに変わるケースもある。フォトレジスト材料が典型例となる。フォトレジスト材料には，光が当たったところが除去されるネガ型とその逆のポジ型の2つがある。

ポリマーの分解反応　ポリマーの大部分は有機物なので，比較的低温で分解するが，通常材料として用いられるポリマーは，水の沸点程度では分解しないし，また，生物による分解も受けにくいので処理が面倒なことはよく知られている。ただし，有機物ということで，燃焼は起きる。ポリマーのように，分子を構成する原子が密に存在している場合には，酸化分解といっても，低分子が低濃度で存在する条件での酸化分解とは異なる。近年，生分解性ポリマーも登場しているが，プラスチックスの大部分を焼却処分するのであれば，グリーンイメージという満足感だけの材料展開ということにもなりかねない懸念もある。

図1.20に高分子物質の反応をまとめた。高分子物質の反応は，化学結合の切断と生成という点では有機化学で登場するものと全く等しい。

違う点もいくつかある。その特徴の1つが官能基の濃縮効果である。低分子の溶媒中の反応は，分子が溶媒の衣をまとってぶつかりあっているようなものだから，分子同士の衝突の起こる確率は小さい。それに対して高分子では分子上に官能基が密着して固定されているようなもので，衝突確率のファクターが桁違いに大きいことになる。これが規則的に作用すると選択性の発現という形で高分子触媒になることもある。高分子効果で，これがさらに高度化したものが酵素触媒反応といえる。

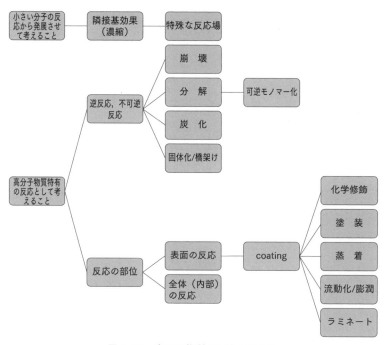

図1.20　高分子物質の反応の考え方

　高分子では通常の分子と異なり，その大きさが無視できない。恐竜が大きくなりすぎたり，会社も大きくなり過ぎたりすると，そのサイズを保てなくなるのと同様に，高分子も分子の各部位が貯めた歪みが蓄積されるとある部分の結合にそれが集中して，結合強度の低下につながる。剪断応力による高分子鎖の切断は珍しいことではない。当然，弱いところはそれなりに反応を受けやすくなる。これがさらに進むと分解になる。分解は全く様々で，とにかく無秩序にバラバラになる崩壊，可逆モノマー化（重合中に起こることもあり，その平衡温度が天井温度）などの低分子化と共有結合性有機固体に変化する架橋反応あるいはさらに進んで炭化反応などがある。

　一方，大きさを三次元的に考えると，表面からの深さ方向に物質としての傾斜（組成など物質が序々に変化すること）が発生することがある。それを材料物体の保護に活用することも可能である。塗装，蒸着，ラミネートなどは，表面に被膜をつける複合化でポリマー自身の反応はあま

り関わらず，非共有結合性の相互作用〜付着ということになるが，化学修飾により表面部位だけ性質を変えることもおおい。撥水処理，親水化など，内部の材料はそのままで表面だけ反応させることである。鰹のたたきを作る時に，藁(わら)の火で炙(あぶ)って表面処理をしているイメージである。

熱可塑性と非熱可塑性　すでにたくさん登場している熱可塑性と非熱可塑性について整理と提案をここでしておく。一般に高分子物質あるいは高分子材料を熱可塑性と熱硬化性に分類することが行われているが，特に熱硬化性については，高分子物質と高分子材料では違うものも出てくる。例えば，フェノール樹脂のレゾールとノボラック。ヒドロキシメチル基が多いレゾールは加熱により硬化する熱硬化性の高分子物質で，それが主成分の高分子材料（原料樹脂）も熱硬化性である。これらの高分子物質（あるいは高分子材料が硬化した後の物質はこの分類には適さない，共有結合性有機固体となる（ただし，「この段階のもの」も高分子材料と呼ばれるものに含まれる）。一方ノボラックであるが，ヒドロキシメチル基のほとんどないノボラックは「高分子物質」としては熱可塑性である。ところが高分子材料として考えると，ヘキサミンなどのホルムアルデヒド源を混ぜることで熱硬化性となる。ここから，ノボラックという「高分子材料」は熱硬化性とされる。高分子物質そのものは熱可塑性であっても，架橋（硬化）剤の添加で熱硬化する性質に変わるもの，あるいは外部からの熱以外の刺激で硬化するものも「高分子材料」としては熱硬化性とされるケースは多く見られる。

　熱可塑性ポリマーでは可逆的に「固体」と「流動状態」の変化が起る。一方，熱可塑性ではないポリマーでは

　　　　プレポリマー，反応性オリゴマー，反応性ポリマー

を前駆体に，主に加熱によりポリマーまたは共有結合性有機固体を与え

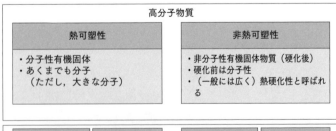

図 1.21　熱可塑性を示すもの，示さないもの

る，ということが起る。これらのポリマーが非熱可塑性物質に相当する。固体が流動化するよりも低い温度で分解してしまうポリマーも熱可塑性とはいえない。

通常は「熱可塑性ではないポリマー」に対して，熱硬化性ポリマーという言葉が使われるが，これは定義や分類が曖昧で誤解を招きやすく，もっと限定した表現に代えていくのが好ましいと思われる。

1-6 高分子物質の構造と性質，高次構造化と材料化

高分子材料の用途面での機能に関し，高性能ポリマーと機能性ポリマーの定義と違いを説明する。繊維，プラスチックス・フィルム，エラストマーの定義とそれらの違いについても説明する。さらに，ポリマーの結晶性により形態がどのように変化するか説明を試みる。

高分子の材料としての使用形態には大きく分けて

　　　　繊維，プラスチックス・フィルム，エラストマー

があり，これらの材料はいずれも固体であり，ポリマーを材料として用いる場合，気体状態はまず考えなくてよい。液体の場合も，プレポリマーや施工後固体化することを前提にしたものであることが多く，基本的に固体を考えればよい。

そして，これらのポリマー材料は基本的にその「結晶性」で大まかに分けられる。

繊維が最も結晶性が高いもので，エラストマー，すなわち，ゴムは最も結晶性が低いアモルファス（非晶性）である。プラスチックス，フィルムは中間の結晶性と考えればよいであろう。プラスチックスには，汎用プラスチックス（HDPE, LDPE, PP, LDPE, PVC），エンジニアリ

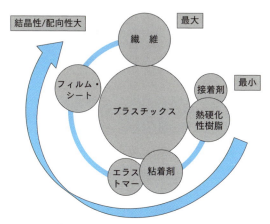

図 1.22　高分子材料の配向度〜結晶性／規則性の序列

ングプラスチックス，スーパーエンジニアリングプラスチックスなどがある。このようなプラスチックスの大まかな分類は主に機械的強度と耐熱性に基づいている。エンジニアリングポリマー，スーパーエンジニアリングポリマーのそれぞれに結晶性と非晶性のものがあり，結晶性だけで高分子材料の物性が全て決まるわけではないこともわかる。プラスチックスの非晶性部分の結晶化は材料の亀裂破壊につながる原因の1つで，それを防ぐ目的の添加剤（可塑剤）が加えられることが多い。プラスチックスの結晶性については早めに慣れておきたい。

プラスチックスとは異なる分類になるが，最近は粘着剤やシーリング材などがよく使われている。これらは当然非晶性である。

これらの分子サイズレベルでの配向性は，高分子物質が本来もつ結晶性のみで決まるわけではない。「流動化―三次元化（成形／延伸）→非流動化（冷却）」という高分子材料の成形プロセスの段階で，一方向に引っ張ったり（一軸延伸），二方向平面的に引っ張ったり（二軸延伸），三次元的形状を出すため気体で膨らませたり，真空に引っ張って型に貼りつけたりすることが通常行われる。その後にも得られた配向性を維持する必要がある。それが高分子物質が本来もっている性質にそのまま沿ったものであれば問題は少ないが，そうでない場合は，例えば可塑化剤を加えて結晶化を抑えたり，架橋などで形状を固定したりすることが行われる。ただし，本書では高分子材料の成形以下の異方的賦形とその維持の過程について系統的に述べることは行わない。他の成書などを参照されたい。

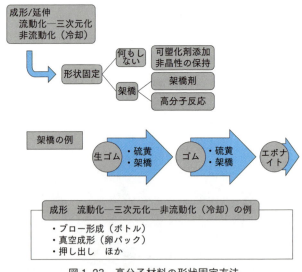

図1.23　高分子材料の形状固定方法

図1.24 共有結合性有機固体を与える
形状固定化手法

共有結合性有機固体を与える形状固定化手法についてはいろいろな経路が存在する。

また，複合化による高分子材料の製造も多様な手法で実施されている。

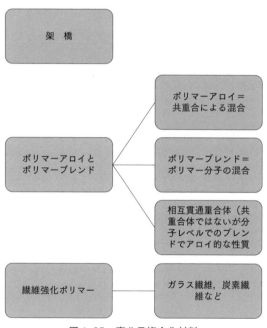

図1.25 高分子複合化材料

これらのプロセスは高分子材料に対し，物性の異方的賦形とその維持を行うことであり，まとめて図1.26，図1.27に示した。

高性能ポリマーと機能性ポリマー：共通の構造的特徴

現代社会では機能性ポリマーという言葉をよく耳にするが，本来であれば高性能ポリマーと言わなければいけないところを機能性ポリマーとしているケースも多々

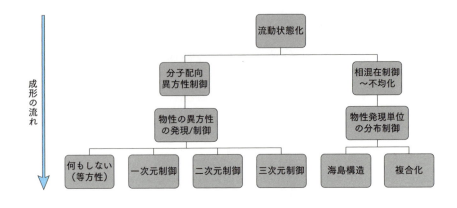

図1.26 高分子材料の成形：物性の異方的賦形と維持

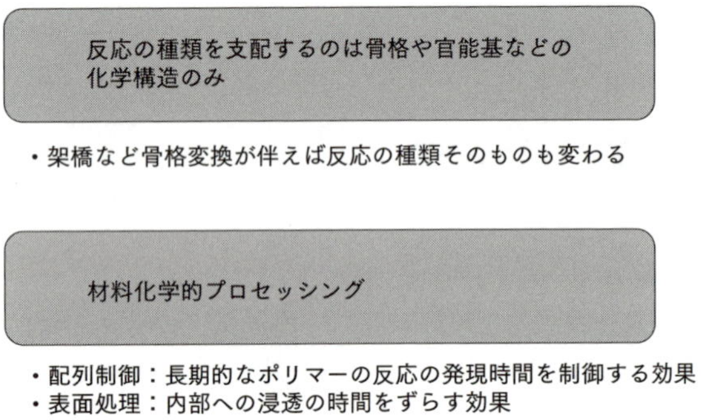

図1.27 高分子材料の反応とプロセッシング

目につく。

　高性能ポリマーとは短期的・長期的両時間スケールで，特に力学的・機械的強度の優れたポリマーを指すものである。すなわち，エンジニアリングポリマーあるいはスーパーエンジニアリングポリマーと分類されるものである。これらは構造材料用金属に匹敵する強度・耐久性を示すものである。

　エンジニアリングポリマーあるいはエンジニアリングプラスチックスとは，十分な強度と安定性を持つポリマーあるいはそれを主要成分とする材料で，用途的に金属材料や無機材料を置き換える形で使われてきたものを指す。ここで「十分な」とは日常生活の範囲における過激な環境が基準で，温度であれば100℃を数十K を超える程度の温度に耐えて変形を起こさないレベル，強度は対人間という程度を考えればよく木材や天然繊維のひもに匹敵する辺りを想定すればよいであろう。

　スーパーエンジニアリングポリマーはさらに高強度・高耐熱の素材で，特定の性質では金属を凌駕するようなものである。このスーパーエンジニアリングポリマーは芳香環がカルボニル基系あるいはエーテル系の官

能基で結合してポリマーになっているものが多い。上で長期的短期的な性質について述べたが，それぞれ化学的劣化・物理的破壊に対応すると考えればよいだろう。

機能性ポリマーの「機能性」というものは高性能性以外の機能を全部含むので，まさに，多種多様である。光機能などの物理的性質，触媒機能などの化学的性質，なども含まれる。一方，複合材料化されて発現している機能の場合，高分子以外の成分は機能発現を担い，高分子は「場」を提供しているだけ，すなわち，単に担体としてのみ関与しているケースも当然ある。

1-7　生体高分子材料など

生体高分子とは文字通り生体内に存在している高分子である。多くの生体高分子から「材料」の観点で括るとペプチド，多糖類，DNA/RNAの三種類が代表となるであろう。これらは，限られた数のモノマーの組み合わせ，あるいは，同じモノマーのわずかな構造の差で大きく異なった機能を発現している。ここでは簡単に項目とキーワードを並べるだけにとどめる。

なお，本項では，生体関連の3つの高分子材料のだいたいの性質と役割を説明できるようになること，生体高分子材料を構成しているモノマーの構造とその結合の仕方と発現される機能の特徴を説明できるようになること，を目安にしている。

ここでpolymerとmacromoleculeに対し，次のように区別して記述する。

polymer：一次構造だけでなく，繰り返し単位の空間的な形も大まかに同質的になっている高分子

macromolecule：高分子が特殊な空間を作り，主に化学的機能を発現しているもの

ペプチド　アミノ酸をモノマーとするpolymerあるいはmacromolecule
- ポリペプチド，タンパク質のうちの構造材（polymer）
- 酵素などの機能材（macromolecule）

多糖類　セルロース：グルコースのβ-グリコシド結合によるポリマー（polymer）
デンプン：グルコースのα-グリコシド結合によるポリマー（poly-

mer)

キチン，キトサン：セルロースのヒドロキシ基がアミノ基およびアセチルアミノ基に置き換わったもの（polymer）

核　酸　DNA，RNA。
核酸塩基の結合した（デオキシ）リボースの二リン酸エステルのポリマー

ほぼ 4 つの塩基の組み合わせで情報保存，情報伝達の役割をはたす。

他にペプチドグリカン（多糖類）など複合化しているものもある。

人工合成ポリマーはこれらの生体ポリマーの骨格などの構造を単純化したものと考えることができる＊。

* この整理については以下の文献にまとめて記載されている。
「人口らせん高分子合成の研究動向」，岡本昭子・米澤宣行，*TCI*メール，2010 年，No. 145, 2–21。

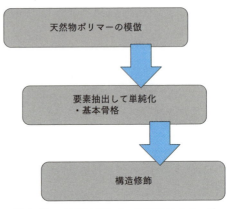

図 1.28　人工物ポリマーの開発のイメージ

1-8　まとめ

　本章は 2 章以下の各論の案内図としての役割を担当しており，高分子材料の化学を学ぶにあたり，材料としての「高分子材料」と物質としての「高分子物質」の 2 つの視点を絡み合わせるアプローチについて概説した。その目的のため，材料の大枠内での高分子材料の位置づけ，「高分子材料」と「高分子物質」の区別の明確化，低分子との比較を通した分子性物質としての「高分子物質」の特徴付け，高分子物質の生成／合成・反応・分子サイズでの構造の特徴，「高分子物質」の分子としての大きさと性質の関連，材料化への道筋，などを極めて大雑把に述べた。

　本章の概要を図 1.29～1.32 図にまとめた。

図 1.29 高分子材料とはどこまでを指すか

主に有機物質からなる固体
- 形状的特徴を有する
- 熱に対する特有な形状の変化を示す

→ **有機固体あるいはそれを与えるもの**
- 純物質でも混合物でも構わない

基本的には
- 有機物質
- 固体
- 樹脂・塊・平面状・繊維などの形状

図 1.30 固体物質 (substance) の元素組成による分類

有機物質～炭素骨格化合物質
- 電子数中庸＝軌道数中庸
- 分子性固体および非分子性巨大連結固体

金属物質
- 電子不足＝軌道過剰

非金属物質
- 電子過剰＝軌道不足

金属と非金属の化合物物質
- 電子不足性＆電子過剰性

図 1.31 高分子物質の主な性質

基本分子間相互作用
- ○異方性 (エントロピー)…配向, 配列
- ・分子の向きが変わる速さ（時間スケール）
- ○溶解と融解（エンタルピー）
- ○分子間力——総和は大
- ・高分子は離れにくい
- ○溶媒和——たくさん必要………
  ……溶けにくい（溶けるのに時間がかかる）

基本重合特性
- ○反応としては低分子の反応と同じ
- ・但し, 定量的な進行が求められる
- ○分離精製困難

基本相溶特性
- ○異なる分子間の相互作用
  ＞同種の分子間の相互作用
- ・⇒交互構造が最安定となる
  ＝高度に規則的な配列
  ——エントロピー的に不利
  有機結晶
- ○ポリマーブレンドとポリマーアロイ
- ・相溶体……………ブレンド
- ・（ブロック）共重合体…アロイ

基本化学特性
- ○反応面：官能基としては低分子も高分子もその反応の種類が変わるわけではない
  官能基の集約度が異なる
  溶媒和の壁を破るプロセスが不要なこともある
  拡散蒸散性無し
- ○熱分解

図 1.32 高分子物質の物質構造的／材料的特徴

小さい分子から高分子材料へ
- ○比較的小さい分子
  ——いわゆる「化学の世界」
  有機化学
  ↓　モノマー合成, 重合
- ○高分子
  ↓　成形, 形状維持化
- ○共有結合性（非分子型）有機固体
- ○樹脂
  プラスチックス

高分子材料
（一般に）成形が容易で, 流動化使用中は形状が固く維持されることが望ましい
- ○不溶不融化に導かれて用いられることが多い
  本当は特定の条件でもう一度流動化できる（熱可塑性）とよいのだが
  ↓
  架橋がよく用いられる
  堅固な塊ができるが再び流動化できない
  分解してしまう

参考書・引用文献

《記載データの主な出典》

日本化学会編,『化学便覧　応用化学編II　材料編』, 丸善 (1986).

三田達監訳,『高分子大辞典』, 丸善 (1990).
高分子材料・技術総覧編集委員会編集,『高分子材料・技術総覧』, 産業技術サービスセンター (2004).

▶より深い学習のために

《全　般》
高分子学会編,『基礎高分子科学』, 東京化学同人 (2006).
高分子学会編,『基礎高分子科学　演習編』, 東京化学同人 (2011).
柴田充弘,『基本高分子化学』, 三共出版 (2012).
荻野一善,『高分子化学　基礎と応用』, 東京化学同人 (1987).
中浜精一・讃井浩平・辻田義治・土井正男・堀江一之・秋山三郎・野瀬卓平,『エッセンシャル高分子科学』, 講談社サイエンティフィック (1988).

《高分子化学全般》
西久保忠臣,『高分子化学』, オーム社 (2011).
中条善樹・中健介,『高分子化学　合成編』, 丸善 (2010).

《高分子物性全般》
井上祥平・宮田清蔵,『高分子材料の化学』, 丸善 (1982).

《実験全般》
大津隆行・木下雅悦,『高分子合成の実験法』, 化学同人 (1972).

《実験分析》
西岡利勝編,『高分子分析入門』, 講談社 (2010).

《高分子材料実践応用》
大石不二夫,『プラスチックが一番わかる』, 技術評論社 (2011).
高野菊雄,『プラスチック材料の選び方・使い方』, 丸善出版 (2011).

《高分子材料化学周辺領域》
平野勝巳・古川茂樹・菅野元行・真下　清・鈴木庸一・山口達明,『新・有機資源化学』, 三共出版 (2011).
宮下徳治 編著,『新版 ライフサイエンス系の高分子化学』, 三共出版 (2004).

高分子の物性

　20世紀，石油化学工業の発展にともない高分子材料は大飛躍を遂げ，現在世界で年間2億トンの合成高分子が生産されている。このような急激な普及は高分子材料の持つ，金属や無機材料とは特に異なる物性によるところが大きい。材料に求められるのは何らかの機能である。それらを評価するにはいくつかの物理的性質（物性）を考えることになる。そのような性質には，力学的性質，熱的性質，電気的性質，光学的性質などがあり，実用性の面からは，それぞれの性質において一定水準の性能が要求され，総合的に有用である必要がある。高分子は他の材料と比較してそれぞれの性質において他に類をみない特徴があり，それが少なくとも短期的な視点ではコスト的に有利という最大の要因の下，現在の急速な普及へとつながった。表2.1に高分子材料において評価される物性の一覧を挙げた。最近では社会の持続性の達成に向けて，リサイクル性や生分解性といった環境調和のとれた材料の開発が一層求められている。

表 2.1　高分子材料の物性

材料の性質	具体的な項目
力学的性質	静的性質：弾性率（引張，せん断，体積），ポワソン比，降伏点，破断応力，破断ひずみ 動的性質：動的粘弾性，力学緩和，緩和時間，損失正接
熱的性質	融点，ガラス転移点，分解温度，熱伝導率，線膨張係数，熱変形温度，流れ温度
電気的性質	誘電的性質：（静的）誘電率，帯電性，圧電性，焦電性，耐アーク性（動的）誘電緩和，緩和時間，損失正接
光学的性質	屈折率，光透過率，散乱能
その他	化学的性質：耐薬品性，耐加水分解性，耐光性，耐候性 燃焼特性：難燃性，耐火性，耐炎性，限界酸素指数 物理的性質：濡れ性，気体透過性，潤滑性，耐摩耗性 環境調和的性質：リサイクル性，生分解性

2-1 力学的性質

高分子材料の性質に関して連想するイメージはどのようなものであろうか？ 繊維のように強靭で，しなやかに曲がる。ゴムのように伸びて，弾む。フイルムのように粘って，破れにくい。いずれも高分子材料のユニークな力学的性質であり，金属材料やセラミック材料にはみられないものである。周囲を見わたしてみると，高分子材料の力学的性質を上手に利用した製品のなんと多いことか。力学的性質は高分子材料の物理的および化学的性質の中でも特に重要な性質であるといえる。

2-1-1 応力とひずみ，変形

力学的性質を考える上で基礎となる物理量は応力とひずみである。

応　力（stress） 物体の内部に生じる力を表す物理量であり，単位面積あたりの力

$$応力(\sigma) = \frac{力(f)}{面積(A_0)}$$

で定義される。圧力と同じ次元（$[Nm^{-2}]=[Pa]$）をもつ。

ひずみ（strain） 物体の変形を表す物理量であり，単位長さあたりの変形量

$$ひずみ = \frac{変形の長さ}{元の長さ}$$

で定義される。無次元量である。

力学的性質の解析は材料に外力を加え，変形を与えたときの応力とひずみの測定により行われる。変形は伸長，剪（せん）断（ずり），体積変形の3つの組み合わせで記述することができる。

伸　長（elongation） 物体に対してある1つの方向に力を加えたときの変形である（図2.1）。伸長ひずみ ε は $(L-L_0)/L_0$ と定義される

剪（せん）断（shear） 直方体のある一組の平行な面に対して平行に，逆方向の力を加えたときの変形である（図2.2）。剪断ひずみ γ は $d/h = \tan\alpha$ と定義される。

体積変形（volumetric deformation） 図2.3のように，静水圧のような等方的な力よる変形である。体積ひずみ κ は，$(V-V_0)/V_0$ と定義される。

応力-ひずみ曲線（S-S曲線） 高分子材料の力学的性質を調べるための第一歩が応力-ひずみ曲線の作成である。試験片を一定速度で伸長しながら応力を測定し，縦軸に応力，

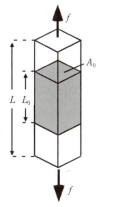
図2.1 伸長変形

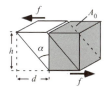
図2.2 剪断変形

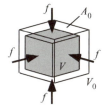
図2.3 体積変形

横軸にひずみをとったもので，図2.4にその代表的な曲線を示す。この曲線から材料の特性がわかる。傾きが大きければ「硬い」材料，小さければ「軟らかい」材料である（硬い順に a＞b＞c）。また，曲線の右端が破断点で，その点における縦軸の値が破断応力，横軸の値が破断ひずみである。破断応力が大きいものは「強い」，小さいものは「弱い」材料であり（強い順に b＞a＞c），破断ひずみが大きいものは「伸びる」，小さいものは「脆い」材料である（伸びる順に c＞b＞a）。初期の線形領域からはずれる点が降伏点と呼ばれ，弾性限界を示す。さらに，曲線と横軸に囲まれた面積が単位体積あたりの変形に要する仕事（仕事が大きい順に b＞c＞a）である。

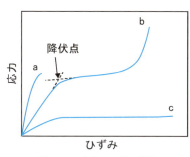
図2.4 応力-ひずみ曲線

2-1-2 弾性と粘性

力学的性質は弾性と粘性によって特徴づけることができる。

弾 性（elasticity） ゴムは手で引っ張ると伸び，離すと元に戻る。このように，力を加えると変形し，力を除くと元にもどる性質で，エネルギーを貯蔵する性質といえる。加えた力が小さい場合には，応力はひずみに比例し，フックの法則に従う。弾性率は

$$\text{弾性率} = \frac{\text{応力}}{\text{ひずみ}}$$

で定義され，変形の種類によりそれぞれ次のように表される。

引張弾性率(ヤング率)：$E = \dfrac{\sigma}{\varepsilon}$

剪(せん)断弾性率(剛性率)：$G = \dfrac{\sigma}{\gamma}$

ポアソン比
(Poisson's ratio)　　物体を縦に伸長するとき，横には縮む性質がある。この横方向のひずみと縦方向のひずみの比 ε（横）/ε（縦）をポアソン比 v と呼ぶ。非圧縮性の物質ならば $v=0.5$ であり，引張弾性率と剪断弾性率は次のように関係づけられる。

$$E = 2G(1+v)$$

粘　性(viscosity)　　おもちゃのスライムのように粘稠な液体は，その中に指を入れてすばやく動かすと大きな力がかかるが，ゆっくり動かすとたいした力もいらずに指を動かすことができる。このように，ひずみ速度に比例した応力が発生し，変形を止めると応力が0となり，変形したまま元に戻ろうとしない性質で，エネルギーを散逸させる液体的な性質といえる。粘度は

$$\text{粘度} = \frac{\text{応力}}{\text{ひずみ速度}}$$

で定義され，変形の種類によりそれぞれ次のように表される。

伸長粘度：$\eta_E = \dfrac{\sigma}{(d\varepsilon/dt)}$

剪(せん)断粘度：$\eta = \dfrac{\sigma}{(d\gamma/dt)}$

2-1-3　粘　弾　性

高分子材料の力学物性は図2.5に示すような，ばね（弾性要素，弾性率 G，ひずみ γ_e）とダッシュポット（粘性要素，粘度 η，ひずみ γ_v）の直列結合によるモデルで表される。この模型をマクスウェルモデル（Maxwell model）と呼ぶ。この系にひずみ（全ひずみ γ_0）

$$\gamma_0 = \gamma_e + \gamma_v$$

が瞬時にして与えられたとしよう。このとき，ダッシュポットは瞬時には応答できないため，最初はばねが応答する。ばねにはひずみを与えるのに用いた外力とつりあうだけの応力が生まれる（図2.5(b)）。

$$\gamma_e = \gamma_0, \quad \gamma_v = 0, \quad \sigma = G\gamma_e$$

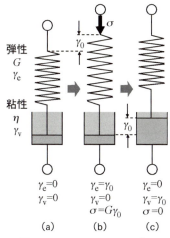

図2.5 マクスウェルモデル

その後,ダッシュポットが応答を始め,最終的にはばねのひずみを解消し,ダッシュポットがすべてのひずみを背負う。このときは,ばねはもはや伸びていないので,応力は0となる（図2.5 (c)）。

$$\gamma_e = 0,\ \gamma_v = \gamma_0,\ \sigma = 0$$

すなわち,初期過程では弾性体として振る舞い,時間が十分に経つと粘性体として振る舞うことがわかる。また,与えられた変形に対して,応力が小さくなるように,内部が安定な状態へと変化していく応力緩和が観測される。この応力緩和の過程では,粘性体と弾性体の性質をあわせもった粘弾性体としての性質が表れ,この性質こそが高分子材料の他に類を見ない特徴といえる。この応力緩和は以下の式で表される。τ は緩和時間と呼ばれ,粘度と弾性率の比 (η/G) である。

$$\sigma = G\gamma_0 \exp(-t/\tau)$$

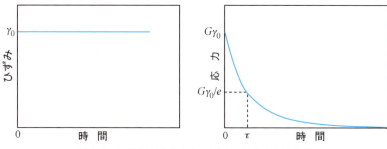

図2.6 瞬時に与えられたひずみに対する応力応答

マクスウェルモデルは長時間でみれば流動性を示す材料に対して適用するモデルである。ゲルなどの架橋高分子には適さない。そのような場合には,図2.7 (a) に示すフォークトモデル (Voigt model) が用いられる。また,図2.7 (b) に示すマクスウェルモデルとフォークトモデルを組み合わせたバーガースモデル (Burgers model) もよく用いられる。

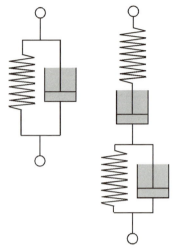

図 2.7 フォークトモデルとバーガースモデル

2-1-4 無定型高分子の緩和弾性率

ガラス転移点以上の温度における高分子溶融体に伸長ひずみ γ を加えると，応力 σ が時間 t とともに減衰する粘弾性緩和挙動が観察される。

せん断緩和弾性率 $G(t)$ を用いてこの緩和挙動をみてみよう。図 2.8 は無定型高分子溶融体の $G(t)$ と t の両対数プロットである。ここで，無定型高分子とは分子鎖が不規則に配置した高分子固体で非晶性状態の高分子と同じと考えていただきたい。無定型高分子では温度と時間を互いに換算する方法があり（温度―時間換算則），横軸は温度 T と読み替えても構わない。太い曲線が最も高分子量のものの曲線であり，これを眺めると 4 つの領域に分けることができる。それぞれの特徴を以下に示す。

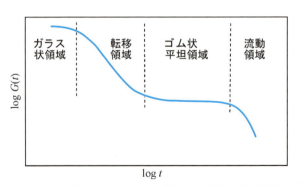

図 2.8 非晶性高分子の引張緩和弾性率の時間依存性の模式図

ガラス状領域（glassy state）　最も早いタイムスケールで現れる，高分子鎖のミクロブラウン運動が凍結し，大きな弾性率（GPa オーダー）をもつ領域

転移領域（transition state）　このタイムスケールでは，凍結されていた高分子鎖のミクロブラウン運動が解放されはじめ，弾性率が大きく低下する領域（ガラス状領域から転移領域への急激な変化が始まる点がガラス転移点と呼ばれる）

ゴム状平坦領域（rubbery plateau）　高分子が互いに絡み合いゴム状態にある，弾性率（MPaオーダー）が時間に依存しない平坦な領域

流動領域（fluid state）　高分子鎖の絡み合いがほどけ始め，分子鎖の運動が激しく起こり，弾性率が低下する領域

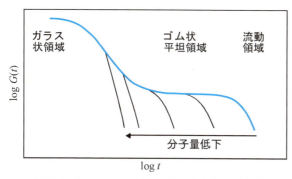

図2.9　引張緩和弾性率の分子量依存性の模式図

図2.9に示すように，低分子に近づくにつれて，絡み合いの効果がなくなるため，ゴム状平坦領域は狭くなり，やがては転移領域からいきなり流動領域へと変化するようになる。また，ゲルなどの架橋高分子では流動領域はみられず，どんなに長時間経過後もゴム状平坦域が観測される。一方，ガラス状領域と転移領域は分子量の影響はほとんどない。これは，そのタイムスケールでは高分子の局所的（部分的）な運動が物性を支配していることを意味している。

2-1-5　動的粘弾性

マクスウェルモデルの力の釣り合いを考えてみよう。直列結合であるので，各要素にかかる力は釣り合うため

$$\sigma = G\gamma_e = \eta(d\gamma_v/dt)$$

となる。全ひずみを$\gamma=\gamma_e+\gamma_v$として，これらの式からマクスウェルの粘弾性方程式が得られる。

$$\frac{d\gamma}{dt} = \frac{1}{G}\frac{d\sigma}{dt} + \frac{1}{\eta}\sigma$$

ここに角周波数ωで振動するひずみを与えた時の動的弾性率$G^* = G' + iG''$のG'を貯蔵弾性率，G''を損失弾性率と呼ぶ。

> マクスウェルの粘弾性方程式で角周波数 ω で振動するひずみ $\gamma(t) = \gamma_0 \exp(i\omega t)$ を与える。このときの応力を $\sigma(t) = \sigma_0^* \exp(i\omega t)$ として，粘弾性方程式に代入すると，複素応力振幅 σ_0^* は
>
> $$\sigma_0^* = \frac{i\omega \eta \gamma_0 G}{i\omega \eta + G}$$
>
> となる。弾性率を周波数の関数に拡張した動的弾性率 $G = G' + iG'' = \sigma_0^*/\gamma_0$ は次式のように与えられる。
>
> $$\sigma_0^*(\omega) = G \frac{i\omega \tau}{1 + i\omega \tau}$$
>
> その実部 G' は貯蔵弾性率，虚部 G'' は損失弾性率と呼ばれ，次式で表される。
>
> 貯蔵弾性率：$G'(\omega) = G \dfrac{\omega^2 \tau^2}{1 + \omega^2 \tau^2}$
>
> 損失弾性率：$G'(\omega) = G \dfrac{\omega \tau}{1 + \omega^2 \tau^2}$

図 2.10（a）にこの周波数の対数を横軸にとった関係を示す。高周波領域では貯蔵弾性率が大きく弾性体的であり，低周波領域では弾性率が小さく粘性体的である様子がわかる。その中間領域は粘弾性体であり，$\omega t = 1$ 付近では損失弾性率がピークを迎える。この付近では応力がひずみに追従できずに位相遅れが発生し，エネルギーの損失が大きくなることを意味する。このような周波数分散は凍結されていた運動モードが徐々に解放されることを意味する。運動モードの解放により系は平衡状態へと向かうため緩和に特徴的な周波数分散である。

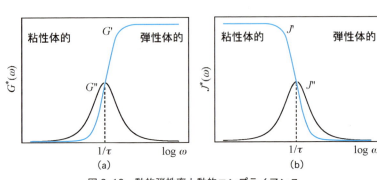

図 2.10　動的弾性率と動的コンプライアンス

図 2.11 に無定型高分子の動的弾性率の周波数依存性の典型例を示す。緩和弾性率の時間依存性と同様に，低周波領域から順に流動領域，ゴム状平坦領域，転移領域（主鎖のミクロブラウン運動の緩和：α 緩和），ガラス状領域が読み取れる。また，さらに高周波領域には，主鎖の局所的な運動の緩和（β 緩和），側鎖の運動の緩和（γ 緩和），メチル基などの小さな置換基の運動の緩和などがみられる。

角周波数 ω で振動する応力を与えてひずみ σ_0 を観測するときは，動

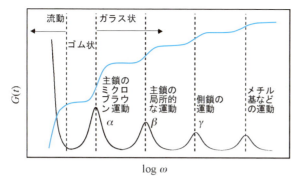

図 2.11 無定型高分子の動的弾性率の模式図

的弾性率の代わりに動的コンプライアンス，J'：貯蔵コンプライアンス，J''：損失コンプライアンスを用いる（図 2.10 (b)）。

動的コンプライアンス $J^*(\omega) = \gamma_0^*/\sigma_0$ を用いると，J'，J'' はそれぞれ次に示された式で表わされる。

貯蔵コンプライアンス：

$$J'(\omega) = \frac{1}{G}\frac{1}{1+\omega^2\tau^2},$$

損失コンプライアンス：

$$J'(\omega) = \frac{1}{G}\frac{\omega\tau}{1+\omega^2\tau^2}$$

2-1-6 粘弾性体の非線形現象

(1) チキソトロピーとダイラタンシー

粘度は応力とひずみ速度の比で与えられ，線形領域では図 2.12 a のように，ひずみ速度によらず一定（傾きが一定）である。このような流体はニュートン流体と呼ばれる。しかし，高分子溶融体や濃厚溶液では，しばしば応力とひずみ速度の線形関係が崩れ，非線形性が見られる。

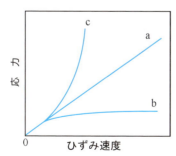

図 2.12 線形，非線型の流動曲線

チキソトロピー（thixotropy）　図 2.12 b のようにひずみ速度が増加すると，粘度が減少する現象を呼ぶ。

トマトケチャップはプラスチックスのチューブ容器をゆっくり逆さにしても（ひずみ速度は 0）出てこないが，振ったり，チューブを押したり（ひずみ速度の増大）すると液体のように流れ出てくる。このような現象がチキソトロピーである。

ダイラタンシー（dilatancy） 図 2.12 c のようにひずみ速度が増加すると，粘度が増加する現象を呼ぶ。一方，水に片栗粉を入れてしばらく混ぜた液体は，握ると硬く固体状になるが，放すと液体状に戻り，流れ落ちる。このような現象がダイラタンシーである。

(2) ワイゼンベルグ効果とバラス効果

粘弾性の議論は，微小な変形をゆっくりとした時間の中で扱うことも多い。しかし，実際の高分子材料の成形加工は往々にして大変形や高速流動をともなう。この際にみられる粘弾性の非線形現象の理解は工業的にも重要である。

ワイゼンベルグ効果（Weissenberg effect） 図 2.13（a）のように高分子溶融体や濃厚溶液に棒を差し込み回転させると，水飴のように液体が棒に巻き付きながら這い上がる現象が見られる。これはワイゼンベルグ効果と呼ばれる。

バラス効果（Barus effect） 図 2.13（b）のように押出機から高分子溶融体や濃厚溶液を押し出すと，押し出された液体の径が口金の径よりも大きくなる現象が見られる。これはバラス効果と呼ばれる。これは細いところに押し込まれた液体が元へ戻ろうとする効果（弾性流入効果）や，押し出されるときの管の中心付近と壁面付近で速度勾配があり，中心部の張力が大きくなって，管壁方向に圧力を生じる効果（法線応力効果）によって説明される。

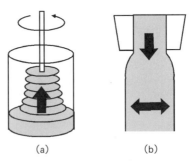

図 2.13　ワイゼンベルグ効果とバラス効果

2-2 熱的性質

高分子材料は金属と比べて，熱を伝えにくく，比較的低温で融解する性質をもつ。そのため，金属と異なり，高温の融解設備を要すことなく，成形加工が行える点が特長といえる。低分子は温度とともに結晶，液体，気体と変化していくのに対し，高分子には気体はほぼ存在せず，ガラス状，結晶，ゴム状，液体と多彩な状態を示す。これは，分子量が大きく，絡み合うひも状分子に特有な性質といえる。このような，熱的な状態変化の理解は成形加工を行う際に極めて重要である。

2-2-1 結晶化と融解

物質の熱的な性質を明らかにし，状態変化を調べるには，熱容量の温度変化を調べるのが有効である。代表的な熱分析方法は示差熱分析（differential thermal analysis: DTA）と示差走査熱量分析（differential scanning calorimetry: DSC）である。DSC では炉中に試料および標準物質を置き，炉の温度を一定速度で昇温（降温）させながら，試料に流れ込む（流れ出す）熱流束を測定する。熱流束 dq_s/dt は吸熱側を負にとると，

$$\frac{dq_s}{dt} = -C_s \frac{dT_s}{dt} + \frac{d\Delta H_s}{dt}$$

のように表される。T_s は試料温度，C_s は試料の熱容量であり，ΔH_s は融解や反応などの状態変化によるエンタルピー変化である。したがって，試料に状態変化があれば，熱流束のピークなどの大きな変化として観測される。

図 2.14 は結晶性高分子の結晶化と融解過程の DSC サーモグラムと対応するエンタルピー変化である。結晶化および融解にともなうエンタルピーの変化がピークとして観測されることがわかる。一般に高分子の

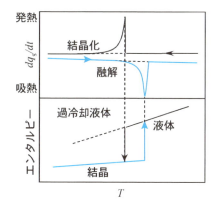

図 2.14　結晶化と融解過程の DSC サーモグラムとエンタルピー変化

結晶化は数十Kという広い幅をもって進行することが知られている。また，融解も同様に広い幅をもって進行している。通常結晶化曲線の極小値の温度が融解曲線の極大値の温度よりも低く，結晶化には過冷却が必要であることもわかる。

2-2-2 ガラス転移

ガラス状態では様々な分子運動モードは凍結されている。これがガラス転移温度を境にゴム状態に転移すると解放され，高分子主鎖のミクロブラウン運動のようなマクロスケールの分子鎖運動が現れる。ガラス転移は構造が変化する一般の相転移とは異なり，運動の凍結と解放に由来する動的な転移であると理解するのが妥当であるとされ，厳密な意味での相転移とはみなされない。

図2.15にガラス状態（結晶化度0）を昇温した際の，DSCサーモグラムと対応するエンタルピー変化を示す。温度を上昇させると，ガラス転移点（B）において凍結されていた高分子鎖のミクロブラウン運動が解放され，過冷却液体状態（ゴム状態）となる。この際，DSCサーモグラムには熱容量の変化に起因する階段状の形が観測される。次に，この試料をガラス転移点以下のT_A（Aの温度）でしばらく熱処理した場合を考えてみる。ガラス状態は熱力学的な最安定状態ではないため，極めてゆっくりではあるが安定な結晶状態への移行が進行する。このため，熱処理によりAとHの中間のA'へと緩和され，その結果ガラス転移点付近ではエンタルピーに非熱処理試料と比べより大きな変化が生じるため，吸熱ピークが観測される。このようなガラス状態のエンタルピー低下はエンタルピー緩和として知られている。

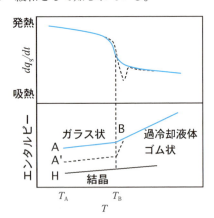

図2.15 ガラス転移点におけるDSCサーモグラムとエンタルピー変化

2-3 電気的性質

材料の電気的性質は主に誘電性と導電性に分けられる。誘電性とは物質に電気エネルギーを蓄える性質であり，導電性とは電気エネルギーを流す性質である。高分子材料は誘電率が比較的大きなものから小さなものまで種類もさまざまで，コンデンサなどの電子部品として私たちの目に触れないところにも使われている。一方，高分子材料，特にエンジニアリングプラスチックスの電気的性質における最大の特徴はその低い導電率である。電送線の絶縁被覆は高分子抜きでは考えられない。

2-3-1 誘電性

誘電性は外部電場 E により，絶縁体に電気分極 P が生じることで，エネルギーが蓄積される現象である（図1.16）。外場のエネルギーを蓄積するという点で，弾性によく似た性質といえる。電極には，電場を作るための電荷と分極に由来する電荷が蓄積するために，電気変位 D は次式のようになる。

$$D = \varepsilon_0 E + P = \varepsilon E = \varepsilon_r \varepsilon_0 E$$

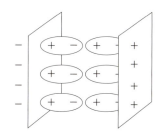

図 2.16　誘電現象の模式図

ε を誘電率（単位 $\mathrm{F\,m^{-1}}$），ε_r を比誘電率と呼ぶ。また，次式のように分極には主に①電子分極，②イオン（赤外）分極，③双極子（極性基）の配向分極が寄与する。

$$P = N(\alpha_e + \alpha_i + \alpha_d) E_i$$

α_e, α_i, α_d はそれぞれ①，②，③に対応する分極率，N は単位体積あたりの分子数，E_i は局所電場である。誘電率はコンデンサーの電気容量 C（電極面積 A，電極間隔 L）から求められる。

$$\varepsilon = \varepsilon_r \varepsilon_0 = LC/A$$

2-3-2 誘電緩和

双極子の電場配向には粘性的な摩擦が働くため，複素誘電率 ε^* の周波数依存性には粘弾性と同様に，次の式で記述される緩和型の分散特性（デバイ分散式），すなわち誘電緩和が現れる。

$$\varepsilon^*(\omega) = \varepsilon'(\omega) - i\varepsilon'(\omega)$$

ε'：貯蔵誘電率，ε''：損失誘電率，ω：角周波数

$$\varepsilon^*(\omega) = \varepsilon'(\omega) - i\varepsilon''(\omega) = \varepsilon_\infty + \frac{\Delta\varepsilon}{1+i\omega\tau}$$

複素誘電率の実部 ε' は貯蔵誘電率，虚部 ε'' は損失誘電率と呼ばれ，次式で表される。

$$\text{貯蔵誘電率}：\varepsilon'(\omega) = \varepsilon_\infty + \frac{\Delta\varepsilon}{1+\omega^2\tau^2}$$

$$\text{損失誘電率}：\varepsilon''(\omega) = \frac{\omega\tau\Delta\varepsilon}{1+\omega^2\tau^2}$$

ここで，τ：誘電緩和時間，$\Delta\varepsilon$：緩和強度（ε_∞：高周波においても残留する誘電率）である。

図2.17に誘電率の周波数依存性を示す。電子分極，イオン分極はいずれも光学的周波数領域において共鳴型の分散特性を示す。また，電子分極の誘電率 ε_e と屈折率（可視光域）の間には $\varepsilon_e/\varepsilon_0 = n^2$ の関係がある。配向分極は緩和型のデバイ分散式で説明することができる。

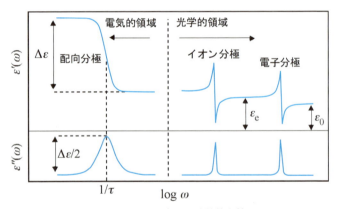

図2.17　誘電率の周波数依存性

ポリイソプレンを例に誘電率の周波数依存性をみてみよう（図2.18）。

ここに現れている2つの主な緩和はともに配向分極に起因するものである。その説明にはポリイソプレンの双極子モーメントを2つの方向に分解して考える（図2.19）と理解しやすい。

（a）では双極子モーメントが一次元的に並んでいるために，その総和は高分子鎖の両端を始点終点とする末端間ベクトルにまとめて考えることができる。このため，この緩和モードは高分子鎖全体の配向過程を反映する。運動単位が大きいために緩和はより低周波数域に観測され，分子量に依存するという特徴がある。このような緩和モードをノーマルモードと呼ぶ。主鎖に沿って同じ向きの双極子モーメントを有する必要が

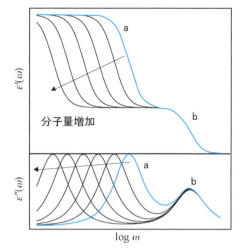

図2.18 ポリイソプレンの誘電率の周波数依存性の模式図

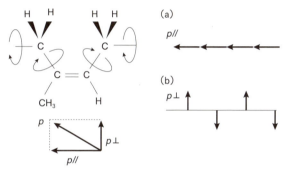

図2.19 ポリイソプレンの双極子モーメント

あり，実は，ノーマルモードを示す高分子はポリイソプレンの他，ポリプロピレンオキシドなど数少ない。

一方，(b)の示す緩和モードはミクロブラウン運動により各セグメントの双極子が互いに独立な双極子のように振る舞うことに起因している。このため，ノーマルモードに比べて運動単位が小さく，緩和はより高周波数域に観測される。また，分子量にもあまり依存せず，このモードは多くの極性高分子において観測されている。非晶性高分子において，このような緩和モードはα過程（α分散）または主分散と呼ばれる。いずれの緩和モードもガラス転移点に向かってスローダウンし，最後は凍結する。

2-3-3 導電性

誘電性が電荷を蓄える性質なのに対して，導電性は電荷を流す性質である。印加された外部電場 E により，単位面積あたりの電流（電流密度）J が流れたとすると，導電率（電気伝導率）σ（単位 $S\ cm^{-1}$，慣用的に CGS 単位系が用いられる）は次のように表される。

$$J = \sigma E$$

σ の逆数は抵抗率 ρ（単位 $\Omega\ cm$）と呼ばれる。

σ は単位体積あたりの電荷キャリヤー数（キャリヤー濃度）n，キャリヤーのもつ電荷量 q，キャリヤーの移動度 μ の積によって表される。

$$\sigma = nq\mu$$

電気伝導には電子，ホールなどの電子性キャリヤーによる電子伝導と，イオン性のキャリヤーによるイオン伝導がある。

σ の値は物質によって大きく異なる。導体は $10^2\ S\ cm^{-1}$ 以上，絶縁体は $10^{-9}\ S\ cm^{-1}$ 以下とされ，その間は半導体とされる。例えば，導体である銅は $6 \times 10^5\ S\ cm^{-1}$ であるのに対して，絶縁体であるテフロンは $10^{-18}\ S\ cm^{-1}$ オーダーである。導電性高分子など導体に近い電気伝導を有する高分子が注目を集めているが，高分子の一般的には利用には主にその絶縁性の高さが用いられている。

参考書

2-1
1) 日本レオロジー学会 編，『講座・レオロジー』，高分子刊行会（1992），3章 高分子固体のレオロジー
2) 高分子学会 編，『基礎高分子科学』，東京化学同人（2006），5.1節 高分子の力学的性質
3) G.R. ストローブル（深尾浩次ほか訳），『高分子の物理』，シュプリンガー・フェアラーク東京（1998），5章 力学応答と誘電応答．
4) 松下裕秀，佐藤尚弘，金谷利治，伊藤耕三，渡辺宏，田中敬二，下村武史，井上正志，『高分子の構造と物性』，講談社（2013），6章 絡み合いと粘弾性

2-2
1) 高分子学会 編，『基礎高分子科学』，東京化学同人（2006），5.2節 高分子の熱的性質

2-3
1) 高分子学会 編，『基礎高分子科学』，東京化学同人（2006），5.3節 高分子の電気的性質

2) G.R. ストローブル (深尾浩次ほか訳),『高分子の物理』, シュプリンガー・フェアラーク東京 (1998), 5 章 力学応答と誘電応答
3) 松下裕秀, 佐藤尚弘, 金谷利治, 伊藤耕三, 渡辺宏, 田中敬二, 下村武史, 井上正志,『高分子の構造と物性』, 講談社 (2013), 7 章 高分子の固体物性

3 汎用高分子材料

　身近な社会生活を支える高分子材料として，どのようなものがあるだろうか。実に多くの高分子材料が身の周りの生活を支えている。化学が専門でない人でもプラスチックス，エラストマー（ゴム），繊維，フィルム，接着剤，塗料などと言えば，誰もがすぐにイメージできるであろうし，誰もが日常的に使用しているものである。ここで重要なことの1つは，これらの多くがいずれも人工的に合成されたものであるという点である。もちろん人類は古くから天然物あるいは天然由来の材料を利用してきたが，これらの合成高分子材料が人類の文明に大きな影響を与えてきたことは20世紀以降の歴史を振り返るまでもなく明らかであろう。本章では，汎用プラスチックス，繊維，ゴム，接着剤を中心に身近な高分子材料について概説する。

3-1 五大汎用プラスチックス

3-1-1 高分子の一次構造

一般に高分子は繰り返し単位と呼ばれる同一あるいは何らかの共通点を持つ分子の部分構造が連らなったひものような線状分子と考えられるが，実際には一本の鎖のみで形作られることはほとんどなく，分岐構造を有していることが一般的である。人工的にも分岐や環といった構造を含む高分子も多く合成されている（図3.1）。分岐構造の導入により，分子鎖および末端の数を増やすことができる。一方で，環構造は，線状高分子の末端を連結してできることからわかるように，末端の数を減らすものである。これら分岐と環を組み合わせていくとさまざまな構造ができあがるが，分岐と環が無限に増えていくと，三次元的な網目構造となる。

一方で高分子材料を物質の視点で捉えると，ひとつひとつの高分子の集まりという姿が基本である。したがって，高分子材料の性質を考えるうえでは，分子としての高分子の化学構造やかたちが高分子の集合形態にどのように影響を与えるかを理解することが重要である。

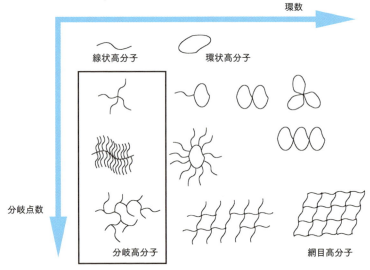

図3.1　さまざまな高分子の一次構造

3-1-2 結晶と非晶

高分子固体で，高分子鎖が規則性よく周期性をもち配列する状態を結晶状態と呼び，規則性の低い凝集状態を非晶状態と呼ぶ（図3.2）。合成高分子特有の分子量のばらつきや，共重合体などの繰り返し構造のばらつき，さらには3-1-1で述べた分岐構造や網目構造，など結晶化を妨げる要素は多いため，一般に高分子は非晶性あるいは低結晶性である。

すなわち，高分子固体では完全な結晶化は困難であり，結晶領域は非晶領域と混在しているのが普通である。

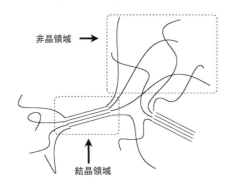

図3.2　高分子固体における結晶領域と非晶領域のイメージ図

　非晶状態において，ある程度以上の分子量を有する高分子鎖はお互いに絡み合っている。非晶状態の高分子鎖がとれるコンフォメーションの自由度は大きいため，力が加えられても高分子材料は伸びたり縮んだりといったように変形することができ，力を取り除くと再び可能なすべてのコンフォメーションをとることで元にもどる。ここからゴム材料がイメージできると思うが，この性質をゴム弾性という（図3.3）。変形が元に戻る速度は，分子鎖の運動性によっている。温度が低くなると高分子鎖の運動性が落ち，高分子集合体としての流動性がなくなり，元に戻る速度は著しく低下する。この流動性がなくなった状態がガラス状態である。

図3.3　高分子固体におけるゴム弾性と塑性変形の概念図

　一方，ある程度以上の力が加わると，絡み合っている分子鎖でもお互いに滑り抜けてしまい，分子鎖の相対位置が変化する。この場合，力を取り除いても元にはもどらない。このような変形は塑性変形と呼ばれる（図3.3）。一般に，環状高分子や分岐高分子は同じ分子量の線状高分子にくらべ分子鎖の絡み合いが少なく，一方，網目高分子では架橋構造が分子鎖の絡み合いと同じ役割を果たすことができる。高分子材料設計においては，高分子の凝集状態ならびに化学構造に対する理解が重要である。

3-1-3　熱可塑性と熱硬化性

　高分子物質には，加熱により融解して流動性を示し，変形後，冷却す

図3.4 加熱による網目構造形成の概念図

ると再び固化するものがある。この性質を熱可塑性という。一方，一度成形した高分子材料が加熱により不融化することもある。このような熱で不融化する，非熱可塑的な，素材の性質を熱硬化性という。熱硬化性は，高分子の化学反応性と一次構造の変化による寄与が大きい。一般に，高分子物質の流動性がなくなる要因の1つは，網目高分子のような三次元的な絡み合い構造ができること，である。熱硬化性を示す高分子材料の多くは，熱によって化学変化を受けて網目構造と変化する。具体的には，高分子鎖間での架橋反応やオリゴマーの重合反応が挙げられる（図3.4）。また，架橋は生じずとも，分子構造の変化により不溶・不融化する場合もある。これらの変化は，高分子物質（材料）から熱可塑性の性質を取り除くものであり，熱硬化後の材料は耐熱性に優れていることが明らかであろう。一方で，廃棄処理や再利用を考える上では好ましくない性質ともいえる。

3-1-4 プラスチックスとは

　プラスチックスは，一般に合成樹脂のことをいう。松脂などに代表される樹脂とは，一般に木の樹皮から分泌される樹液が揮発成分を失い，不揮発性の固形成分となったものを指す。これらの天然樹脂は，光沢剤や塗料などにも用いられてきたが，その重要な特徴は加熱により流動性を示し，成形できることである。英語の形容詞 plastic はギリシャ語の plastikos（形づくる，型で作る，などの意）を語源としている。その名詞である plastics となると，そこに「（合成）高分子からなるもの」，という意味が含まれる。すなわち大まかには，日本語で言うプラスチックスは，熱や圧力などによって自由に変形，成形できる高分子材料の総称と言うことができる。なお通称として広く用いられているのは「プラスチック」であるが，英語での名詞は plastics であり，ここでは「プラスチックス」と表記する。歴史的には，1907年にベルギーの研究者ベークランドが，コールタールよりベークライト（フェノール樹脂）を合成し，この種の成形できる材料を1909年にプラスチックスと名付けたのが最初である。すなわちプラスチックスという言葉が誕生して1世紀余り経ったのが現在である。

　現在，低密度ポリエチレン（low density polyethylene: LDPE），高密

表 3.1 五大汎用プラスチックスを構成する高分子のモノマーと基本構造

名　称	モノマー	基本構造
ポリエチレン (LDPE, HDPE)	$\mathrm{CH_2=CH_2}$	$\mathrm{-(CH_2-CH_2)_n-}$
ポリプロピレン	$\mathrm{CH_2=CH-CH_3}$	$\mathrm{-(CH_2-CH(CH_3))_n-}$
ポリ塩化ビニル	$\mathrm{CH_2=CHCl}$	$\mathrm{-(CH_2-CHCl)_n-}$
ポリスチレン	$\mathrm{CH_2=CH-C_6H_5}$	$\mathrm{-(CH_2-CH(C_6H_5))_n-}$

度ポリエチレン（high density polyethylene: HDPE），ポリプロピレン（polypropylene: PP），ポリ塩化ビニル（poly(vinylchloride): PVC），ポリスチレン（polystyrene: PS）は五大汎用プラスチックスと呼ばれている（LDPE と HDPE を 1 つにまとめ四大汎用プラスチックスとも呼ばれる）*。五大汎用プラスチックスの基本構成高分子の構造を表 3.1 に示す。汎用プラスチックスは一般に耐熱温度が 100℃ 以下のものを指し，それ以上のものをエンジニアプラスチックス，特に 150℃ 以上のものをスーパーエンジニアリングプラスチックスと呼んでいる。エンジニアリングプラスチックスは汎用プラスチックスより強度や靭性，耐久性などの機械的強度に優れている。エンジニアリングプラスチックスについては，後の章を参照されたい。

*「高分子」「ポリマー」と「プラスチックス」は同じ範疇に入るものではない。しかし，一般的には混同されて使われる。あくまでも「プラスチックス」は高分子という「物質」をもとにして，その混合物，あるいは物質変換修飾を加えて構築した材料，あるいは別の経路で構築した同等な材料である。本書においても厳密に区別せずに用いることがある。

3-1-5 プラスチックスの生産量

五大汎用プラスチックスはプラスチックス生産の多くの部分を占めている。経済産業省統計によれば，2010 年のプラスチックス国内生産量は約 1,224 万トンで，このうち約 67% が五大汎用プラスチックスである（図 3.5）。プラスチックス生産量は，2008 年には原油価格の高騰や金融危機の影響で若干減少したものの，それまでの 10 年ほどは年間 1,400 万トン前後で推移しており，五大汎用プラスチックスが占める割合も 72〜73% でほぼ一定である。

五大汎用プラスチックスの中ではポリプロピレンが生産量を伸ばしている。五大汎用プラスチックス生産量の中でポリプロピレンが占める割合は，2000 年には 26% であったのに対し，2010 年には 33% に上昇している。この背景には，ポリプロピレンが剛性や耐熱性に優れ，透明性

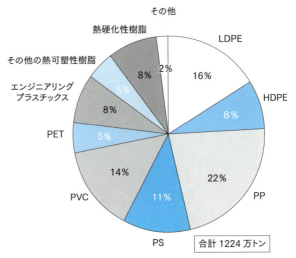

図 3.5　2008 年国内プラスチックス生産量（経済産業省統計より）

や耐水性，対薬品性，絶縁性が良好であるなどバランスのとれた特徴から，自動車，フィルム，シート，雑貨，家電など広範な領域において需要を伸ばしていることがあげられる。

　五大汎用プラスチックスに次ぐ生産量があるのは，ポリエチレンテレフタレート（poly(ethylene terephthalate): PET）であり，2010 年における生産量はプラスチックス国内生産量の 5% を占める約 57 万トンである。アメリカでは五大汎用プラスチックスにポリエチレンテレフタレートを加えて「ビッグシックス」と呼んでいる。さらに五大汎用エンジニアリングプラスチックスと呼ばれる，ポリアミド(polyamide: PA)，ポリカーボネート(polycarbonate: PC)，ポリアセタール(polyacetal or poly(oxymethylene): POM)，ポリブチレンテレフタレート（poly(butylene terephthalate): PBT），変性ポリフェニレンエーテル（poly(phenylene ether): PPE）を合わせた国内生産量は 2010 年で約 101 万トンである。

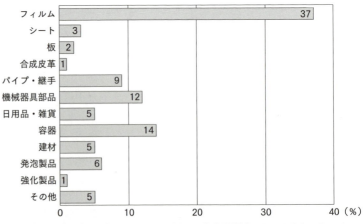

図 3.6　2008 年プラスチックス製品の生産量割合（経済産業省統計より）

またプラスチックスの各素材（構成）ポリマーの製品別の生産量割合を図3.6に示す。フィルムの割合が最も大きく，容器や機械器具部品，パイプなどの用途が続いている。特に容器の生産量の伸びは大きい。

3-1-6 汎用プラスチックスの一般的特徴

汎用プラスチックスには，様々な性質があり，その特徴が故に人類の暮らしに大きく貢献する素材として発展してきた。一般的には，成形加工性，軽量性，絶縁性，透明性，耐腐食性，改質性などがある。以下に金属材料，セラミックス材料との比較も交え概説する。

成形加工性 プラスチックスの素材としての最大の強みは，自由に変形・成形できる点にある。一般にプラスチックスの成形は熱を加えて溶融状態にする過程を経るが，その加工温度が人間にとって制御しやすい範囲にあることも重要である。通常，汎用プラスチックスであれば200〜300℃程度で成形加工が可能であり，融点の高い金属材料やセラミックス材料に比べ，はるかに成形が容易である。表3.2に汎用プラスチックスの融点と密度を，金属材料，セラミックス材料と比較して示す。成形が容易であるということは，様々な形状の製品を生み出すことができるということであり，製品への応用の範囲が大きく広がることになる。特に複雑な形状を有する製品に対しても1つの金型で大量生産することができ，組立工程の簡素化にもつながる。また再利用という観点からも好ましい。

軽量性 ポリ塩化ビニルに一部塩素が含まれている他は，五大汎用プラスチックスを構成している元素が，ほとんど炭素と水素であることから予想されるように，プラスチックスは金属材料，セラミックス材料に比べてはるかに軽いという長所を有する。五大汎用プラスチックスの密度を表3.2に示すが，最も高密度のポリ塩化ビニルで$1.30〜1.60 \text{ g/cm}^3$という値である。金属材料の中でも軽量とされているアルミニウムの2.7 g/cm^3，代表的なセラミックス材料であるアルミナ

表3.2　いくつかの材料の融点および密度の比較

材料	素材・構成物質	融点（℃）	密度（g/cm³）
汎用プラスチックス	ポリエチレン	98〜137	0.91〜0.97
	ポリプロピレン	160〜165	0.90〜0.91
	ポリ塩化ビニル	120〜240	1.30〜1.60
	ポリスチレン	—	1.01〜1.09
金属	アルミニウム	660	2.7
	チタン	1,668	4.5
	銅	1,083	8.9
セラミックス	アルミナ（Al_2O_3）	2,050	3.9
	窒化ケイ素（Si_3N_4）	〜2,000（分解）	3.2

（Al_2O_3）の 3.9 g/cm^3 と比べてはるかに小さい。軽量性は扱いやすさなど製品自体の特長だけではなく，輸送コストの低減などの製品生産・販売過程にも有利な点が多い。

絶縁性　汎用プラスチックスは，炭素鎖を主骨格とする高分子でできており，金属のように自由電子や伝導経路が存在しないので，電気絶縁性である。電気製品のコード類の被覆材などに幅広く使用される。電気製品は導電性物質（材料）だけでできている訳ではなく，絶縁体としてのプラスチックスも大きな役割を果たしている。

透明性　五大汎用プラスチックスの中では，ポリスチレンの透明性が優れている。一般に高分子材料の透明性は，その結晶性に左右される。ポリスチレンは代表的な非晶性高分子であり，材料中の屈折率が均一なため，ポリメチルメタクリレートやポリカーボネートと並んで高い透明性を有している。

耐腐食性　金属材料では酸化反応による「錆」がしばしば問題になるのに対して，一般にプラスチックスは腐食に強いと言える。プラスチックスは有機高分子でできているので，通常，水や無機薬品には溶けにくい。一方，有機溶剤には溶けやすいとされるが，結晶性高分子からなるプラスチックスは比較的耐薬品性が高い。

改質性　プラスチックス材料は，素材である高分子に加えて様々な物質を配合してつくることができる。その結果，材料の性質のみならず，見た目や機能といった点でも多岐にわたって変化させることができる。

3-1-7　五大汎用プラスチックス各論
(1)　ポリエチレン（PE）

前述したように五大汎用プラスチックス生産量の 3 分の 1 を低密度ポリエチレン（LDPE）と高密度ポリエチレン（HDPE）で占めている。LDPE と HDPE の区別は，その名称の通り密度の違いによるが，分子構造的な違いは分岐の有無にある（図 3.7）。エチレンの重合が規則的に付加反応のみで進行すれば，$-(CH_2-CH_2)_n-$ で表される直鎖状の高分子が得られる。HDPE は，ほぼこのような分子構造である。一方 LDPE では，複雑な長鎖分岐構造とエチル基やブチル基といった短鎖分岐を有している。

LDPE はラジカル重合プロセスによって製造されるのに対し，HDPE はチーグラー（Ziegler）触媒，フィリップス（Phillips）触媒，メタロセン触媒などを用いて製造されている。後者の触媒を用いた製造法では，エチレンと 1-ブテンなどの α-オレフィンを共重合させることにより，

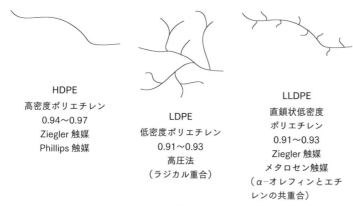

図3.7 ポリエチレンの種類と製法（密度（g/cm³）・製法と触媒）

直鎖状ポリエチレンに意図的に枝分かれを一定の割合で導入することができる。得られるポリエチレンは直鎖状構造に短鎖分岐を有しており，HDPEより密度が低くなっている。これらは前述の生産量分類ではLDPEに含まれるが，特に直鎖状低密度ポリエチレン（linear low density polyethylene: LLDPE）と呼ばれ，しばしば区別される。

(a) 低密度ポリエチレン（LDPE）

歴史的には，1933年に英国のICI（Imperial Chemical Industries）社の研究者が，エチレンとベンズアルデヒドの反応を高圧高温下で検討していたとき偶然にポリエチレンの生成を発見したのが始まりである。その後1939年に同社から工業的に生産されるようになり，現在でも多くのメーカーから恒常的に生産されている。なお，これらの製造法でつくられるLDPEは高圧法LDPE（high pressure low density polyethylene: HP-LDPE）と呼ばれることもある。

高圧法LDPEの分子構造は前述の通り，複雑な長鎖分岐構造と短鎖分岐からなる。これらの割合や分布は重合条件によって異なる。分岐構造は，分子内および分子間の連鎖移動反応により生じる（図3.8）。一般に密度を決めているのは，短鎖分岐によるところが大きい。一方，長鎖分岐構造は，その分子鎖の絡み合い相互作用により溶融状態での加工特性に影響を与え，フィルム，ブロー，押し出しラミネート加工性に優れる。また，金属触媒を使わないことから，製品へのこれらの混入が避けられ，熱や光に対する安定性にも優れている。

(b) 高密度ポリエチレン（HDPE）

1953年にドイツの研究者チーグラー（K. Ziegler）は，四塩化チタンとアルキルアルミニウムからなる触媒によりエチレンの重合が常圧で進行することを見いだした（これは配位アニオン重合と呼ばれる分類の重合反応）。このポリエチレンは，高圧法LPDEと異なり分岐の無い直鎖状構造を有していたことで非常に重要な発見となり，1955年にはドイ

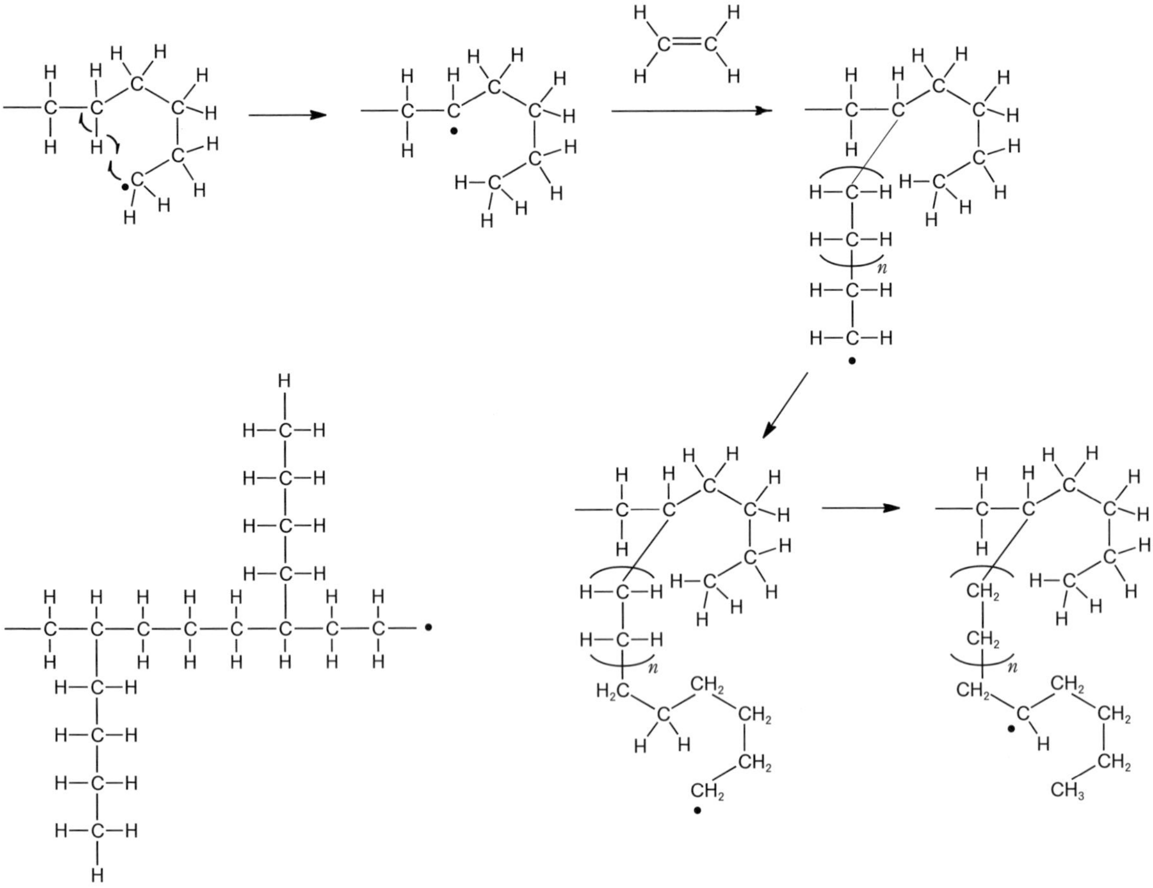

ポリエチレン主鎖にブチル側鎖が繰り返し登場する構造ができる

図 3.8 LDPE の分岐構造の形成

ツの Hoechst 社で HDPE の製造プロセスが工業化された。一方，同時期に米国 Phillips 社の研究者も酸化クロムを含む触媒によりエチレンの重合が進行することを見いだしており，1954 年に「Mariex」という商品名で HDPE の工業生産を始めている。

　現在の HDPE の工業的製造には，ほぼ上記のチーグラー触媒とフィリップス触媒が使われている。HDPE は分岐がほとんどないことから，集合体として規則構造をとりやすく結晶性が高いため，LDPE に比べ強度に優れる。この一般的な特徴は，両方の触媒によって製造される HDPE について同様だが，分子構造の違いによる性質の違いも認められる。通常，フィリップス触媒で得られる HDPE は，分子量分布が比較的広く（$M_w/M_n = 6 \sim 15$），長鎖分岐構造も炭素数 1 万に対して 1 個程度存在する。一方チーグラー触媒では，分子量分布は 3〜6 程度で長鎖分岐構造はほとんど存在しない。この違いは，加工性に影響し，フィリップス触媒で得られる HDPE は大型のブロー容器などの成型に適している。

(c) 直鎖状低密度ポリエチレン（LLDPE）

チーグラー触媒やフィリップス触媒による HDPE の製造が開始されてから，エチレンと α-オレフィンの共重合についても研究が行われた。ひとつの転機になったのは，1977 年の米国 UCC 社による気相流動床を用いた LLDPE 製造法の開発で，これ以降，商業的規模で生産されるようになった。

LLDPE の分子構造的特徴は，長鎖分岐構造はなく分子全体としては直鎖状であるが，短鎖分岐を多く含むことである。このため，高圧法 LDPE に比べ強度に優れる。一方で適度に短鎖分岐を有することから，加工性にも優れている。

LLDPE について，より詳細に分子構造因子を挙げると，短鎖分岐の長さ，割合，分布といったものがある。これらは触媒や重合条件によって異なるが，これらの因子が物性に重要な影響を与えるのは容易に想像できるであろう。

上述のように，短鎖分岐による構造因子ならびに分子量，分子量分布や組成分布は LLDPE の物性に影響を与える。チーグラー触媒も様々な改良が行われ活性の向上など多くの改善が図られたが，これらの制御は未だ困難なところが多い。1 つの要因として，触媒系が不均一で活性点や重合機構について必ずしも明確でないことが挙げられる。これに対して 1980 年にカミンスキー（W. Kaminsky）らによって開発されたメタロセン触媒は，高活性な単一活性種重合触媒として大変注目された（図3.9）。この触媒では中心金属の選択や分子構造の設計が可能なため，さまざまな触媒が開発されており（図3.10），また近年では非メタロセン型の触媒の開発も盛んである（図3.11）。メタロセン系触媒で得られる LLDPE は，組成分布が均一，低分子量成分が少ないなどの特徴があ

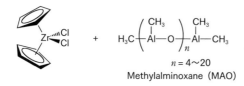

図 3.9　最初に開発されたメタロセン触媒（MAO は助触媒として働く）

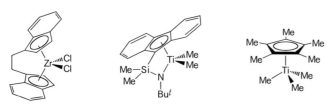

図 3.10　メタロセン触媒，ハーフメタロセン触媒の例

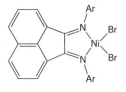

図 3.11 非メタロセン触媒の例

り，チーグラー触媒による LLDPE に比べ，高強度，低粘着性，フィルムの高透明性を示すため，1990 年頃から工業生産され市場に多く出回っている。

(e) 超高分子量ポリエチレン

チーグラー触媒やメタロセン触媒の発展により，非常に分子量の大きいポリエチレンが製造されるようになった。ポリエチレンの分子量を表す指標として溶融粘度に関連したメルトマスフローレイト（MFT）と呼ばれる数値があり，この値が非常に小さなものとして分類されるのが，超高分子量ポリエチレン（polyethylene, ultra high molecular weight: PE-UHMW）である。一般に分子量としては数百万程度のポリエチレンである。分子量が大きさに由来する性質である耐摩耗性，耐衝撃性，耐薬品性などに優れている。

(2) ポリプロピレン（PP）

ポリプロピレンはポリエチレンと異なり，繰り返し単位ごとに 1 個のメチル基を有するため，メチル基の向きによる立体異性体が存在する（図 3.12）。メチル基が結合している炭素原子の立体配置に着目すると，アイソタクチックポリプロピレン（iPP），シンジオタクチックポリプロピレン（sPP），アタクチックポリプロピレン（aPP）に大別される。iPP では炭素原子の立体配置がすべて同じであるのに対し，sPP では交互に立体配置が逆転しているが，両者ともに規則的な配列を有する立体規則性高分子である。一方，aPP では立体配置に規則性はない。この違いにより，ポリプロピレンの物性は大きく異なる。触媒技術の発展により，これらの立体異性体はつくり分けることができる。なお現在生産されているポリプロピレンは殆ど iPP である。ポリプロピレンは優れた物性を有しているため，現在プラスチックスとして使用されるポリマーの中で最も生産量が多く，用途の広い材料になっている。

a. アイソタクチックポリプロピレン（iPP）

チーグラーによって見いだされた，$TiCl_4/AlR_3$ 系触媒のエチレン重合能に着目したのがイタリアの研究者ナッタ（G. Natta）である。ナッタはすぐさま同様の触媒系によりプロピレンの重合が可能であることを発見した（1954 年）。次いで，このとき触媒に用いる $TiCl_4$ に代えて

アイソタクチックポリプロピレン

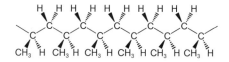

シンジオタクチックポリプロピレン

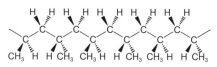

アタクチックポリプロピレン

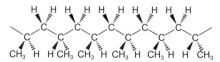

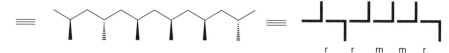

図 3.12 ポリプロピレンの立体規則性配列といくつかの表記法
それぞれの下段左は分子構造を折れ線表記したものであり，右は立体構造を簡易的に表記したものである。なお，m は隣接するメチル基が同じ向きであること，r は逆向きであることを表す。

$TiCl_3$ を使用することで，立体規則性が 80% を超える iPP の製造に成功した。初めて立体規則性高分子を合成したこの成果は，高く評価され，ナッタは 1963 年にチーグラーとともにノーベル化学賞を受賞している。現在では立体規則性が 99% におよぶ iPP も製造されている。

iPP は結晶性高分子である。結晶中ではメチル基の立体効果により繰り返し単位 3 つで 1 ピッチとなるらせん構造をとる（図 3.13）。高結晶性であり，融点も高く，耐熱性，剛性，耐薬品性に優れ，耐衝撃性や絶縁性も良好である。

b. シンジオタクチックポリプロピレン（sPP）

チーグラー触媒によるプロピレンの重合において sPP は微量成分として分離されていたが，メタロセン触媒，さらには非メタロセン系の単一活性種触媒の開発によりその立体選択的な合成も可能となってきている。立体選択性については改善の余地があり，その度合いによって sPP の性質も変化する。しかしながら，sPP は結晶中で iPP のらせん構造とは異なる 8 の字型ヘリックス構造や平面ジグザグ構造などをとるため，

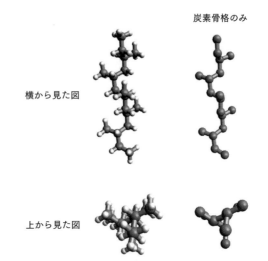

図 3.13 アイソタクチックポリプロピレンのらせん構造モデル

iPPとは全く違った特性の高分子材料となることが期待されている。

 c. アタクチックポリプロピレン（aPP）

 iPPやsPPのような立体規則性をもたないaPPは結晶性が低く，常温で弾性体である。ホットメルト接着剤や改質剤として使用されている（4-1-1（1）も参照）。

 (3) ポリ塩化ビニル（PVC）

 ポリ塩化ビニルは塩化ビニルの付加重合によって製造される高分子であり，塩化ビニル樹脂あるいは塩ビとも呼ばれる。耐燃性や耐薬品性，絶縁性などに優れている。ポリ塩化ビニルは立体規則性高分子ではないが，ある程度のシンジオタクチシチーを有する。シンジオタクチシチーは，重合条件によって変わり，一般に重合温度が低いほど高い値となる。通常，商業生産されているポリ塩化ビニルは，シンジオタクチシチーが55%前後のものである。ポリ塩化ビニルは可塑剤を加えることにより，硬質から軟質な素材とすることができるため，幅広い用途に利用されている（図 3.14）。この可塑化技術が開発されたのは1930年であり，その後工業生産が始まっている。1990年代に，ポリ塩化ビニルから他のプラスチックス素材へ置き換える傾向もあったが，ポリ塩化ビニルの耐久性，施工性，加工性，低コスト性などの特長から，使い分けが進み種々の製品に使われている。硬質製品の主な用途はパイプであり，ポリ塩化ビニル製品の約3分の1を占める。一方，軟質製品の用途には，フィルム・シート，ホースやチューブなどが挙げられる（4-1-1（3）も参照）。また，ポリ塩化ビニルはプラスチックスの中では難燃性の高い高分子材料である。

 (4) ポリスチレン（PS）

 ポリスチレンは，五大汎用プラスチックスのなかでも，透明性，成形

表 3.3 ポリ塩化ビニルの主な用途別製品分類

硬質製品	パイプ	水道用・下水道用 工業用（工場配管，天然ガス管，空調配管など） 農業用水用（水田パイプラインなど） ケーブル保護（電線管など）
	継手	
	平板	工業用（ダクト，タンク，フランジなど） 一般用（看板，建材用，文房具，ディスプレイなど）
	フィルム・シート	包装品など
	波板	建材用など
	ブロー成形品	容器類
	異形押出品	建材用（窓枠，デッキ，パネルなど） 家庭用雑貨類 車両内装用
軟質製品	フィルム・シート	ラミネート用（化粧フィルムなど） 包装，カバー用 農業用
	人工レザー	電線被覆材
	押出品	チューブ・ホース，ガスケットなど
	射出品・その他	マット，シート，テープ，ブーツなど

加工性，着色性等に優れており，重要度の高い樹脂のひとつである。ポリスチレン自体は 1839 年にはドイツで見いだされていたが，当時はどのような構造であるかはわかっていなかった。ポリスチレンは，1920 年代に高分子の概念を生み出したドイツの研究者スタウディンガー（H. Staudinger）の研究において重要な役割を果たした高分子であり，工業化は 1930 年にドイツの IG 社で始まった。

　ポリスチレンにはポリプロピレンやポリ塩化ビニルと同様に置換基があるため，立体化学が存在する。一般的なポリスチレン（GPPS）は，立体規則性のないアタクチックポリスチレンで，予想される通り，非晶性の高分子である。透明性，加工性に優れることからケースやカップ，トレーなどの日用品に多く用いられている。一方，アタクチックポリスチレン自体の機械的強度は，基本的に分子量が増大するとともに増大するが，全体としてはそれほど高くはない。そこで，アタクチックポリスチレンのマトリックス相にポリブタジエンが分散した海島構造とすることで，耐衝撃性の改善が行われている。これを耐衝撃性ポリスチレン（high impact polystyrene: HIPS）と呼び，この HIPS も含めてポリスチレンとすることが多い。一般にポリブタジエンの含有量は 10 質量 % 程度以下である。HIPS は，耐衝撃性を活かして家電製品の筐体などに利用されている（4–1–1（2）も参照）。

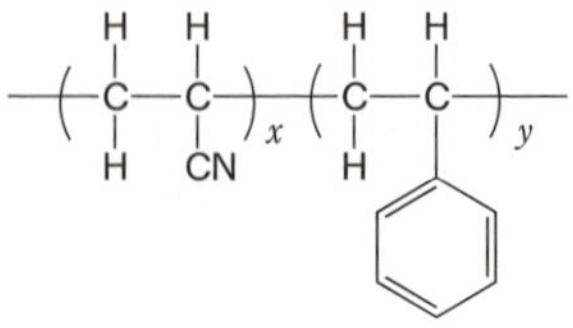

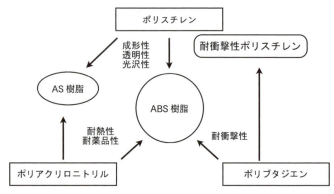

図 3.14 AS 樹脂の基本構造

図 3.15 AS 樹脂，ABS 樹脂と各成分の特性相関図

　また，ポリスチレンは共重合体やアロイとしても幅広く用いられている。アクリロニトリルとスチレンの共重合体である AS 樹脂や，ポリブタジエンの存在下でアクリロニトリルとスチレンの共重合を行うことで得られる ABS 樹脂（アクリロニトリル–ブタジエン–スチレン三元グラフト共重合体）が代表的である（図 3.14 および図 3.15）。AS 樹脂は，スチレン由来の成形性，透明性，電気絶縁性とアクリロニトリル由来の耐熱性，耐薬品性を有しており，ポリスチレンの上級透明樹脂として家電，日用品での用途（ライター）や自動車のライトのレンズなどに用いられている。ABS 樹脂では耐衝撃性も向上しており，自動車の内外装部品や建材分野で多く使用されている。

　立体規則性高分子であるシンジオタクチックポリスチレンは，メタロセン系触媒を用いて合成される。出光石油化学（株）にて 1985 年に初めて合成され，1997 年に同社より工業化されている。シンジオタクチックポリスチレン（SPS）は立体規則性高分子のため結晶性であり，エンジニアリングポリマー（プラスチックス）に分類されるほど高い耐熱性（T_g 100°C, T_m 240°C）と耐薬品性を示すため，現在注目を集めている素材の 1 つとなっている。

3-2　ポリエチレンテレフタレート

　ポリエチレンテレフタレート（PET）は，1941 年に英国の Callico Printer 社にて合成され，その後，英国の ICI 社と米国の DuPont 社によ

って 1950 年代に繊維として工業化の道が開かれた（3-3-3 参照）。フィルムとしては DuPont 社が 1952 年に工業化しているが，ボトルとして成形できるようになったのは 1960 年代終わりから 1970 年代にかけてである。

> 現在の命名法ではポリエチレンテレフタラート（～ate は～アートと読み換える）となるが，本書ではポリエチレンテレフタレートを用いる。

ポリエチレンテレフタレートは，テレフタル酸ジエステルとエチレングリコールとによるエステル交換反応での重縮合で製造されてきたが，現在はテレフタル酸とエチレングリコールの重縮合で合成されている。

ポリエチレンテレフタレートは結晶性高分子であり，融点は 250～260℃ である。成形時に非晶状態で凍結することにより透明性樹脂としての利用が可能である。また，軽量でありながら衝撃強度が高いこと，炭酸飲料での CO_2 損失防止や O_2 侵入防止などのガスバリア性が高く食品衛生性に優れることなどから，飲料用を中心にいわゆるペットボトルとしての需要が非常に高い。

一方，ポリエチレンテレフタレート樹脂にガラス繊維などを含有させたものは，強化ポリエチレンテレフタレート樹脂と呼ばれ，エンジニアリングプラスチックスとして電気・電子部品や自動車部品などに幅広く用いられている。

3-3 繊　維

3-3-1 繊維とは

繊維（fiber）は，一般に「太さに対して十分な長さを有し，細くてたわみやすい糸状材料」を指す。高分子繊維は，高分子が規則正しく配列することで一方向に特化した強度をもつ高分子材料と考えることができる。人類が高分子化合物を繊維として利用してきた歴史は古い。麻，綿，絹，羊毛は四大天然繊維と呼ばれ，紀元前から現在に至るまで人類はこれらを利用している。しかし合成繊維の発展は，1920 年代における高分子の概念の確立，その後の高分子研究の急速な進歩とともにある。図 3.18 に繊維の分類を示す。

1883 年に，英国のスワン（J. W. Swan）によってニトロセルロースから人造絹糸（artificial silk）がつくられた。これは天然素材のセルロースを化学的に修飾したものであり，半合成繊維と分類される。ニトロセルロースは，1870 年に米国のハイアット（J. W. Hyatt）によって発明されたセルロイドとしても知られ様々な用途に使われていたが，高い

```
有機繊維  天然繊維  植物繊維 ････ 麻, 綿
                 動物繊維 ････ 絹, 羊毛

         化学繊維  再生繊維   ････ レーヨン, キュプラ
                 半合成繊維 ････ アセテート（酢酸セルロース）
                 合成繊維   ････ ポリアミド, ポリエステル, アクリル, ほか

無機繊維  ガラス繊維, 炭素繊維, 金属繊維, セラミック繊維, ほか
```

図 3.16　繊維の分類

可燃性のために現在ではほとんど使われていない。一方，合成高分子による合成繊維が発展する始まりとなったのは，1930 年代における DuPont 社によるナイロン繊維の開発，工業化である。

繊維では高分子化合物が規則正しく配列し結晶化することが重要であるため，分子間に引き合う相互作用が働く高分子に適しているものが多い。このためポリアミドやポリエステルといった高分子が繊維に広く用いられている。実際，ポリエステル，ポリアミド，アクリルが三大合成繊維と呼ばれている。また，ポリエチレンのような分子間相互作用の弱い高分子でも大きな分子量のものは，繊維として十分な強度を有している。

3-3-2　合成繊維の生産量

経済産業省統計によれば，合成繊維国内生産量は，2000 年には 140 万トンを超えていたが，2008 年には約 90 万トンと減少している。この間，世界の合成繊維生産量は約 1.4 倍に増大していることから，繊維製品輸入の影響が大きいと考えられる。一方で，国内での繊維生産は，衣料のみならず産業資材，医療用などの分野にも広がり，付加価値や機能性の高い繊維の開発も進んでいる。2008 年における合成繊維国内生産量が最も多いのはポリエステルで約 48% を占める（図 3.17）。次いでアクリルが約 16%，ポリアミド（ナイロン）が約 13% となっている。

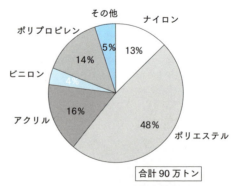

図 3.17　2008 年国内合成繊維生産量（経済産業省統計より）

ポリエステルとポリアミド（ナイロン）の割合は2000年に比べて大きな変化はないが，アクリルは約27%であったことから大きく減少している。一方で，ポリプロピレン繊維が約8%から約14%に上昇しており，プラスチックスだけではなく繊維においてもポリプロピレンの需要が伸びている。

3-3-3 合成繊維各論
（1）ポリアミド

ポリアミドは，アミド結合により主鎖構造が形成された高分子の総称である。DuPont社によって開発されたナイロン繊維もポリアミドであり，ポリアミドを一般にナイロンと呼ぶことも多い（図3.18）。典型的な合成法は，ジアミンとジカルボン酸の重縮合，ならびにラクタム（環状アミド）の開環重合である。ヘキサメチレンジアミンとアジピン酸の重縮合で得られるポリアミドはナイロン66と呼ばれる（ジアミンとジカルボン酸クロリドの重縮合は，研究室の実験では用いられるが，工業的にはほとんど用いられない）。ここで添字の数字は，ジアミンとジカルボン酸の炭素数を示している。例えばナイロン610と呼ばれるのは，ヘキサメチレンジアミンとセバシン酸（炭素数10のジカルボン酸）から得られるポリアミドである。一方，ε-カプロラクタム（7員環の環状アミド）の開環重合で得られるポリアミドはナイロン6と呼ばれ，こちらの添字は繰り返し単位中の炭素数を示している。現在世界で生産されているナイロン繊維のほとんどは，ナイロン66とナイロン6であ

ナイロン6

ナイロン11

ナイロン66

ナイロン610

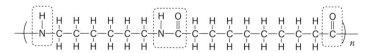
図3.18 ポリアミド（ナイロン）の基本構造

ナイロン66は，DuPont社に招聘されたカローザス（W. H. Carothers）によって1932年に合成され，1938年に最初の合成繊維として工業化されている一方，ナイロン6はドイツIG社のシュラック（P. A. Schlack）により1938年に合成され，1943年に工業生産が開始されている。

ポリアミドでは，アミド結合による水素結合が存在するため分子間相互作用が強く，三大合成繊維中で最も強度が高く耐摩耗性に優れている。ナイロン6とナイロン66の化学的性質や物性は良く似ているが，水素結合の様式は少し異なり（図3.19），ナイロン66の方が高い融点を示し，結晶化も速い（表3.4）。このためナイロン66の方が強度や耐薬品性に比較的優れているが，一方で耐衝撃性や靭性ではナイロン6に比べて劣る。耐熱性に関しては，短時間での使用では融点の高いナイロン66の方が良いこともあるが，長時間での耐久性では化学的安定性により，ほぼ同等かナイロン6の方が若干優れている。

ナイロンは，高強度，高耐摩耗性によりカーペットやストッキングといった用途では，ほとんど独占的である。これらナイロンは，脂肪族ジ

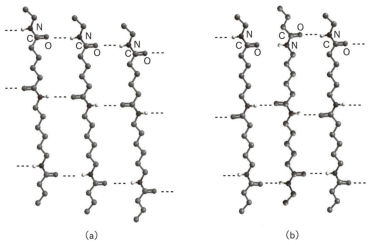

図3.19 ナイロン66（b）とナイロン6（b）における水素結合（図中の破線）様式の模式図

表3.4 ナイロン66とナイロン6の一般的特性の比較[4]

	ナイロン66		ナイロン6
融 点	265℃		225℃
耐熱老化性	劣	≦	優
結晶性	高	>	低
吸水性	低	<	高
耐薬品性	優	>	劣
耐衝撃性	劣	<	優
押出成形性	劣	<	優

アミンと脂肪族ジカルボン酸から得られる脂肪族ポリアミドであるのに対し，芳香族ジアミンと芳香族ジカルボン酸から得られる全芳香族ポリアミドの繊維はアラミド繊維と呼ばれる（図3.20）。アラミド繊維はさらに高強度，高耐熱性の難燃性繊維であり，消防服や防弾衣などに用いられている。なお，ポリアミドは繊維として商業化されたが，その特徴により現在では繊維だけではなくエンジニアリングプラスチックスとして幅広く利用されている。

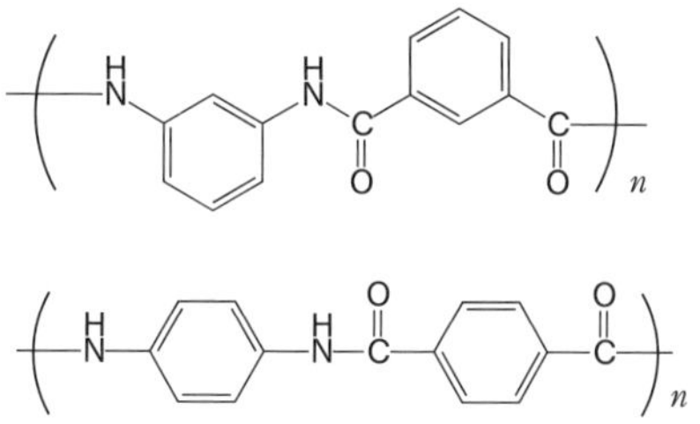

図3.20 アラミドの基本構造

(2) ポリエステル

ナイロンを発明したカローザスは，それより前の1931年にセバシン酸とエチレングリコールから重縮合物を合成し繊維を製造したが，融点が低くアルカリにも弱かったため商業化するには至らなかった。しかし，その後3-2節で記述したように，1941年にCallico Printer社のウィンフィールド（J. R. Winfield）とディクソン（J. T. Dickson）は，テレフタル酸とエチレングリコールから得られるポリエステル（ポリエチレンテレフタレート）が，融点が比較的高くアルカリにも比較的強いため容易に繊維にできることを見いだした。これにより，ポリエチレンテレフタレート繊維は，1953年にDuPont社から「ダクロン　Dacron」として，また1955年にICI社から「テリレン　Terylene」として工業生産された。日本では帝人と東レが共同でICI社から技術導入し，「テトロン　Tetoron」として1959に工業生産を開始した。現在でも，一般にポリエステル繊維と言えば，ポリエチレンテレフタレートのことを指すほど，広く利用されている。他には，ポリエチレンテレフタレートのアルキレン鎖の構造を変えたポリトリメチレンテレフタレート（poly(trimethylene terephthalate): PTT），ポリブチレンテレフタレート（poly(butylene terephthalate): PBT），ポリエチレンナフタレート（poly(ethylene naphthalate): PEN）や，ポリカプロラクトン，ポリ乳酸などがポリエステルに含まれる（図3.21）。ポリエステル繊維は，強度，形態安定性，防皺性，速乾性，耐摩耗性に優れ，安価であることから，三大合成繊維の中でもっとも需要が大きい。

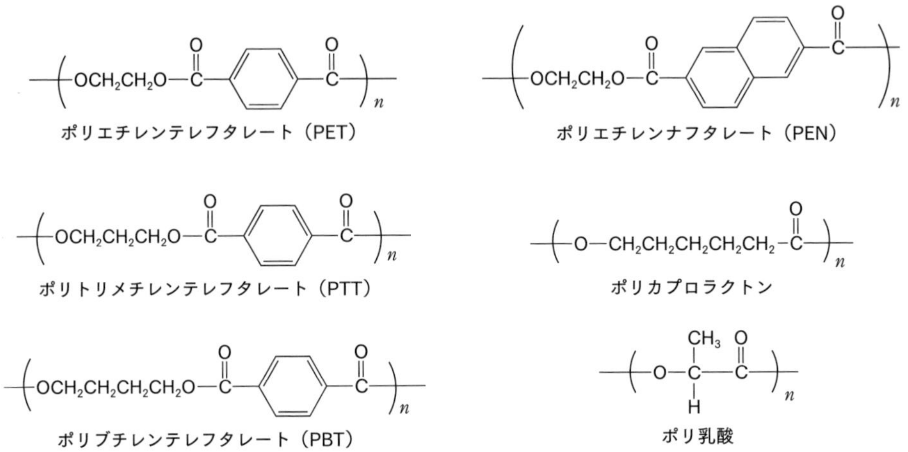

図 3.21　代表的なポリエステルの基本構造

(3) アクリル

アクリル繊維とは，ポリアクリロニトリル（図 3.22）を重量で 85% 以上含む繊維を指し，35〜85wt% のものはアクリル系繊維と呼ばれる。ポリアクリロニトリルは溶媒溶解性が低く，溶剤としてジメチルホルムアミドが開発されてから工業化されるようになった。最初の工業生産は 1948 年に DuPont 社で始まった。ポリアクリロニトリルの熱可塑性や染色性を改善するために，アクリル酸エステルやメタクリル酸エステル等の非イオン性モノマー，ならびにアリルスルホン酸塩やビニルスルホン酸塩等のイオン性モノマーが共重合に用いられている。アクリル繊維では，縮れやすく軽くてソフトな感触が得られ，羊毛代替としてセーターや靴下，毛布やカーテン，カーペットなどに利用されている。

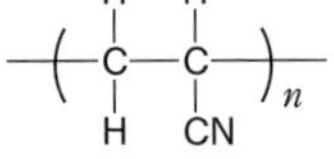

図 3.22　ポリアクリロニトリルの基本構造

(4) ポリ酢酸ビニル，ポリビニルアルコール，およびビニロン

酢酸とビニルアルコールのエステルの構造を有するモノマー，酢酸ビニルを重合するとポリ酢酸ビニル（PVAc）が得られる。このポリマーは「チューインガム」の成分やフィルムとして多用されている。

ポリ酢酸ビニルをケン化（アルカリ加水分解）することによって，水溶性のポリビニルアルコールが得られ多方面に使われている。

ビニロンは国内で年間 3〜4 万トン生産されている合成繊維である。ビニロンは，ポリビニルアルコールに熱処理とホルマリン処理を行い，アセタール化して得られる合成繊維を指す（図 3.23）。このポリビニルアルコール繊維は 1939 年に日本の櫻田一郎らによって合成され，1948

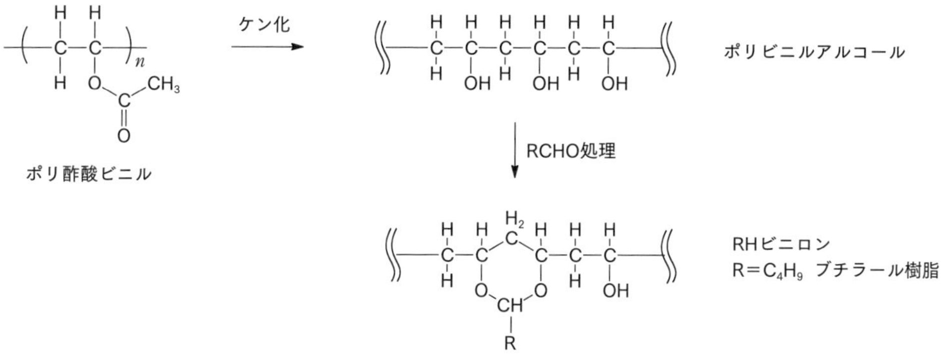

図 3.23　ポリ酢酸ビニルの基本構造とケン化およびホルマリン処理後の化学構造

年にビニロンと名付けられ，1950 年に倉敷レーヨン（現クラレ）で工業生産が始まった日本発の合成繊維である。ビニロンは高強度で優れた耐候性等の特徴をもち，ロープや漁網などに用いられている。

(5) 酢酸セルロース（CA）

酢酸セルロースは，天然高分子の 1 つであるセルロースの酢酸エステルであり，主原料は石油製品ではないという点で人工高分子の視点からは特異な物質ともいえる。この樹脂はプラスチック製品にも使われるが，その他，繊維やフィルムにも使われる。

性質の特徴としては，PMMA ほど透明性は高くなく，耐熱性も高くないが，強靭であることが挙げられる。

酢化度によって二酢酸セルロースと三酢酸セルロースに大きく分けられ，それぞれ用途が異なる。前者は後者より親水性や染色性が高い。

(a) 二酢酸セルロース（酢化度 50〜58%）

ブラウスやスカーフなどの色物に使われる。また，タバコのフィルターにも使われている。成形品は自動車のハンドル，眼鏡枠などにも使われている。

(b) 三酢酸セルロース（酢化度 60〜62.5%）

疎水性に富み，銀塩写真用フィルムに独占的に使われてきた。しかし最近はデジタル写真の台頭により需要が激減した。

その他，酢酸セルロースは分離膜にも使われている。そのタイプと主用途を挙げる。

a) 逆浸透膜（RO），限外濾過膜（UF），精密濾過膜（MF）：浄水（例：家庭用浄水器，超純水製造器），造水（例：海水淡水化モジュール）

b) 血液透析膜：人工腎臓，血漿分離

(6) 炭素繊維

炭素繊維は芳香環が縮環して平面を作った形の，炭素元素のみからで

きた物質の繊維形態のものであり，これ自体は無機物質であるが，その生成過程での原料が高分子あるいは樹脂であり，本書で扱うのが妥当な素材といえる。炭素繊維はその製造原料から，PAN系とピッチ系に分かれる。製法，用途ともに，後の章で述べるので必要に応じて参照していただきたい。

3-4 エラストマー・ゴム

3-4-1 ゴムとは

高分子材料の中には，力を加えて変形した後，力を取り除くと元の状態に戻る性質を示すものがある。このような性質をゴム弾性といい，それを示す物質をゴム（rubber）という。なお，rubber は rub out（こすって消す）に由来しており，天然ゴムが文字消しとして利用されたことがわかる。またエラストマー（elastomer）は elastic polymer の意であり，一般に弾性のある高分子，すなわちゴムを指す。この性質は，高分子の分子鎖の運動性に関連している。分子鎖が動きやすい状況にあればエントロピーの大きい状態をとろうし，力を加えて変形した状態は一般にエントロピーが小さいため，力が取り除かれれば分子鎖が動いて元にもどる。結晶状態では分子鎖の流動性は失われるので，高分子材料がゴムとなるには，非晶状態にある必要がある。またガラス転移温度より高温では分子鎖は動きやすいものの，低温では流動性が失われるため，ガラス転移温度はゴムの使用温度よりも低いことが必要である。加えて，形状保持のためには分子鎖間に架橋構造が存在し，分子鎖の位置関係が変形によりずれないことも重要である。

3-4-2 天然ゴム

天然ゴム（NIR）は，ゴムの木の樹液（乳状液体のラテックス）からつくられる。このラテックスは，天然ゴムの主成分であるポリ（シス-1,4-イソプレン）の乳化液であり，これを固化，乾燥させることで生ゴムが得られる。一般に，成形は生ゴムの状態で行われ，生ゴムに硫黄を加えて加熱すること（加硫）で架橋構造を導入したものは加硫ゴムと呼ばれる（図3.24）。1839年に，この加硫を発見したのが米国のグッドイヤー（C. Goodyear）であり，その後，現在に至るまで天然ゴムはその優れた特性により，幅広く用いられている。なお，天然ゴムの優れた特性と化学構造の関係を明らかにしようとする研究が数多く行われ，様々な知見も得られているが，その正確な構造は現在でも明らかになっていない。なお，エボナイトは天然ゴムにさらに大量の硫黄を混ぜて硬

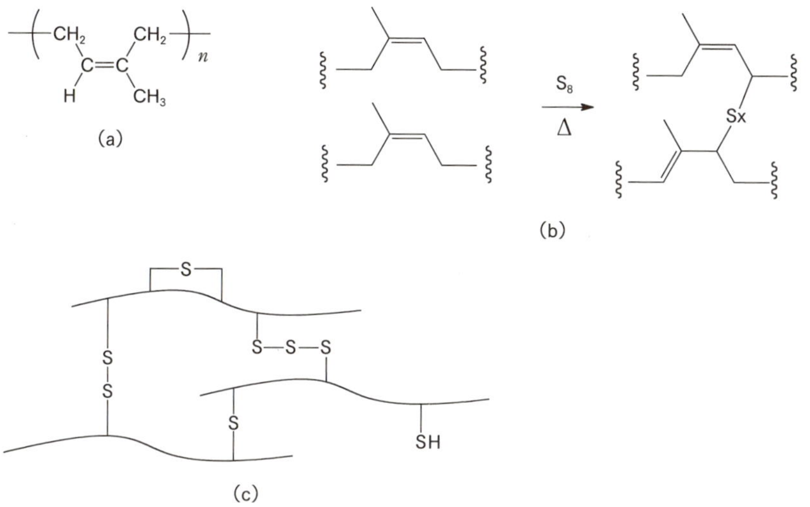

図 3.24 ポリ(シス-1,4-イソプレン)(NIR)の基本構造(a),加硫による架橋反応の例(b),加硫ゴムの架橋形態の模式図(c)

図 3.25 ポリブタジエンの基本構造(a),ポリクロロプレンの基本構造(b)

くしたものである。

3-4-3 合成ゴム

合成ゴムの開発は 20 世紀初頭から行われた。1909 年にはドイツ Bayer 社のホフマン(F. Hofmann)がジメチルブタジエンを原料とした合成ゴムの開発に成功した。1930 年代は,カローザスらの研究をもとに DuPont 社からポリクロロプレンゴムが「ネオプレン Neoprene」として製造され,また Bayer 社からはスチレンブタジエンゴム(SBR)が

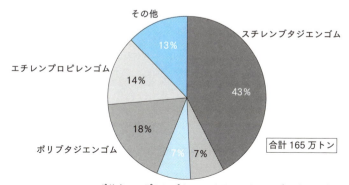

図 3.26 2008 年国内合成ゴム生産量(経済産業省統計より)

「ブナS　Buna S」，アクリロニトリルブタジエンゴム（NBR）が「ブナR　Buna R」として製造されるなど，現在の合成ゴム産業の礎となる開発が相次いだ．

経済産業省統計によれば2008年の合成ゴム国内生産量は約165万トンであり，2000年の約159万トンと比べ微増となっている．この中でもっとも割合が高いのはスチレンブタジエンゴムで約44％を占める（図3.27）．ポリブタジエンゴムが約18％，ポリクロロプレンゴムとアクリロニトリルブタジエンゴムが約7％ずつである．これら以外では，エチレンプロピレンゴムが約14％と高い割合を占めている．

3-4-4　熱可塑性エラストマー

上記のように，従来のゴム製品には加硫といった架橋過程が必要である．このため，これらの加工プロセスでは，架橋材や補強材などの配合・混練，予備成形，加硫など一連の長い工程が必要である．またこれらの架橋構造は主に化学（共有結合）架橋によるものであり，製品のリサイクル性に乏しい．これに対して，架橋構造として相分離構造などによる物理架橋を利用したタイプのゴム材料が開発されている．これらは常温ではゴム弾性を示す高分子材料でありながら，プラスチックスと同様に熱可塑性を示し，それを利用した成形や再利用が可能であるため，熱可塑性エラストマー（thermoplastic elastomer: TPE）と呼ばれている．熱可塑性エラストマーの基本的な構造は，ゴム弾性を担うソフトセグメントと架橋点の役割を果たすハードセグメントからなっている（図3.27）．それぞれのガラス転移温度は，ソフトセグメントでは常温以下，ハードセグメントでは常温以上である．そのためソフトセグメントの海の中にハードセグメントが島として存在する相分離構造では，流動性の低いハードセグメントが架橋点の役割を果たす．また，加熱によりハードセグメントも流動するため熱可塑性を示す．

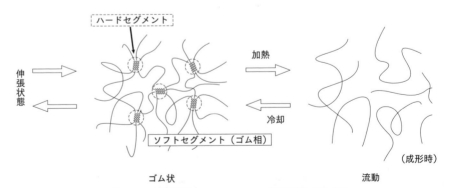

図3.27　熱可塑性エラストマーの熱的挙動の模式図

代表的な熱可塑性エラストマーにスチレン系ブロック共重合体がある。ただし，開発時期はポリウレタン系が先である。ハードセグメントとしてスチレンが用いられ，ソフトセグメントにポリブタジエンやポリイソプレンなどが用いられる。前者には SBS，後者には SIS としてよく知られているものがある。またポリブタジエンやポリイソプレンセグメントに含まれる二重結合を水素付加により飽和させて，耐熱性や耐候性を改良したものも製造される。それぞれのセグメントの配置も重要で，多くの場合，（ハードセグメント）―（ソフトセグメント）―（ハードセグメント）のトリブロック構造が，熱可塑性エラストマーの機能発現には適している。SBS を BSB にしたものでは生ゴムのような破断特性を示し，架橋としての役割が有効に働かない。また，スチレンの含有量も重要で，スチレン含有量が 30～40% の場合，ポリスチレン相がシリンダー状の島構造となり，エラストマーとして総合的なバランスに優れた製品となる。SBS の製造には通常リビングアニオン重合が用いられ，スチレン，ブタジエン，スチレンの順にモノマーを加えてゆく逐次法と，スチレン，ブタジエンを順に重合した後にカップリング試薬を用いて連結する方法がある（図 3.28）。

熱可塑性エラストマーは，加硫ゴムに比べ低加工コスト，多様な加工法，優れたリサイクル性など優位な点も多いと同時に塑性変形が起こるなど，ゴムとしての弾性的性質は一般に劣る。熱可塑性エラストマーは，加硫ゴムと熱可塑性樹脂の中間に位置し，硬質ゴム，軟質樹脂とも見ることができるため，そのような用途での利用が多い。

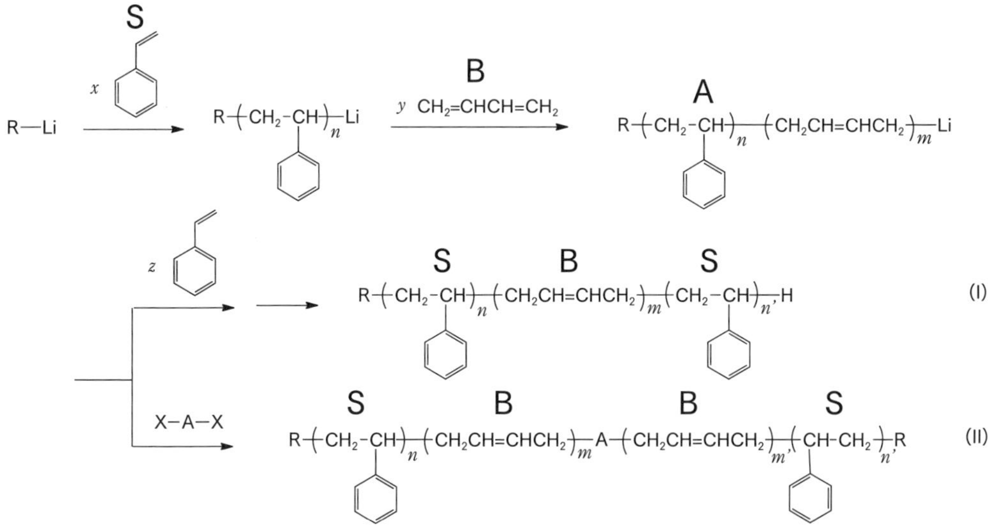

図 3.28 SBS の合成法：(I) 逐次法 (II) カップリング法

3-5 接着剤・塗料

3-5-1 接着とは

接着の仕組みには，いくつかの要素がある。例えば，表面の細かい凹凸に接着剤が入り込んで錨のような働きをする機械的接着や，表面と接着剤の間で共有結合や水素結合などの化学的相互作用による化学的接着などがある（図3.29）。様々な形状に対応でき，化学構造的多様性のある高分子は接着剤として非常に適した素材である。実際，古くから接着剤として使われたものには，デンプンや天然ゴムなど高分子でできているものが多く，現在の主流も合成高分子である。接着剤として働く物質には，使用時に目的の表面にあわせた形状を整えられることが必要であり，溶液にして塗布したり，融解して成形したりできる点でも高分子材料は非常に優れている。合成高分子接着剤は，熱可塑性樹脂系，熱硬化性樹脂系，エラストマー系，という分類が可能である。

 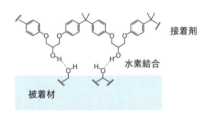

機械的接着　　　　　　　　　化学的接着

図3.29　機械的接着，水素結合による化学的接着の模式図

3-5-2 合成高分子接着剤

一般に接着剤は，接着という機能を発揮する前に接着面に塗布され，接着面を貼り合わせる必要がある。このため，溶液型接着剤と呼ばれるものは，高分子を有機溶剤に溶かした溶液として用いられている（図3.30）。これらは，塗布して接着面を貼り合わせた後，溶剤の蒸発により乾固して接着剤として働く。クロロプレンゴム（エラストマー系）接着剤は，このような溶液型で用いられる代表的なものである。また酢酸ビニル樹脂（熱可塑性樹脂系）接着剤もまた溶液型として用いられる。溶液型接着剤は，表面と接着剤との親和性を高め，均一な塗布が可能であり，優れた接着性を示す。一方で用いられている有機溶剤が蒸発により大気中に放出される点は，環境や健康を考える上では好ましくない。

有機溶剤にかわる溶媒として水を用いた接着剤がある。水系のものには，水溶性のポリビニルアルコールを用いた事務糊などの溶液型もあるが，一般にエマルジョン型あるいはラテックス型と呼ばれるものが多い（図3.30）。エマルジョンは界面活性剤によって高分子が水中に微粒子

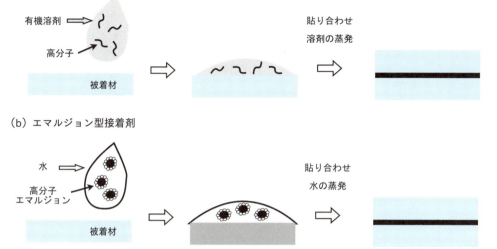

図 3.30 溶液型接着剤とエマルジョン接着剤の模式図

として分散している状態を指す。ゴムの木の樹液はラテックスと呼ばれるが、これは上述のようにポリイソプレンのエマルジョンである。このことに派生して、合成高分子のエマルジョンもラテックスと呼ぶことが多い。高分子成分としては、酢酸ビニル樹脂やアクリル樹脂が多く用いられている。これらの水系接着剤では、プラスチックスやゴムに対してよりも、木工用や紙用として幅広く使われている。

近年では、無溶剤型の接着剤も多く出回っている。この中に、ホットメルト型と呼ばれる接着剤がある。これは、加熱により溶融させたのち、冷却によって固化させるもので、熱可塑性高分子の特徴を活用したものである。使用時に加熱溶融、吐出させる機器が必要となるが、溶剤乾燥の必要がなく、自動化も容易であることから、産業分野で多く利用されている。代表的な高分子は、エチレン酢酸ビニル（EVA）樹脂であり、ポリエステルやポリアミドといった他の熱可塑性樹脂も用いられている。また熱可塑性エラストマーも、このホットメルト型接着剤に用いられる主要な高分子である。主な用途には、製本、合板、家具の化粧シートの貼り合わせやパッケージラベルなどがある。

3-5-3 反応型接着剤

3-5-2 で記述した接着剤は、基本的には、あらかじめ成分中に高分子が含まれており、それを接着面に塗布するものである。これに対し、モノマーあるいはプレポリマーを接着面に塗布し、その後、接着面において起こる重合で高分子とするタイプの接着剤がある。代表的なものはエポキシ樹脂系接着剤やポリウレタン系接着剤である。エポキシ樹脂は、

三員環エーテルであるエポキシ基を含む分子量が数百から数万の分子の総称であり，一般に目的に応じた硬化剤と組み合わせることによって熱硬化性の樹脂として利用される。接着剤に用いられるエポキシ化合物は比較的低分子量で，両末端にエポキシ基を有する鎖状分子である。これに硬化剤としてアミン類が用いられる。エポキシ基とアミンの反応は，分子鎖が長くなる鎖伸長反応および橋掛け構造ができる架橋反応であり，これにより分子量の大きい網目高分子が生成する（図3.31）。エポキシ樹脂系接着剤は，家庭用としても様々な製品が発売されており，主剤であるエポキシ化合物と硬化剤が別々になった二液混合型が多い。一方，ポリウレタン系接着剤は，イソシアネート化合物とポリオールを反応させ，鎖伸長，架橋によりポリウレタン樹脂とする（図3.32）。工業的用途が多い。これらの樹脂の硬化反応については⑤章　汎用硬化性樹脂で再度取り上げる。

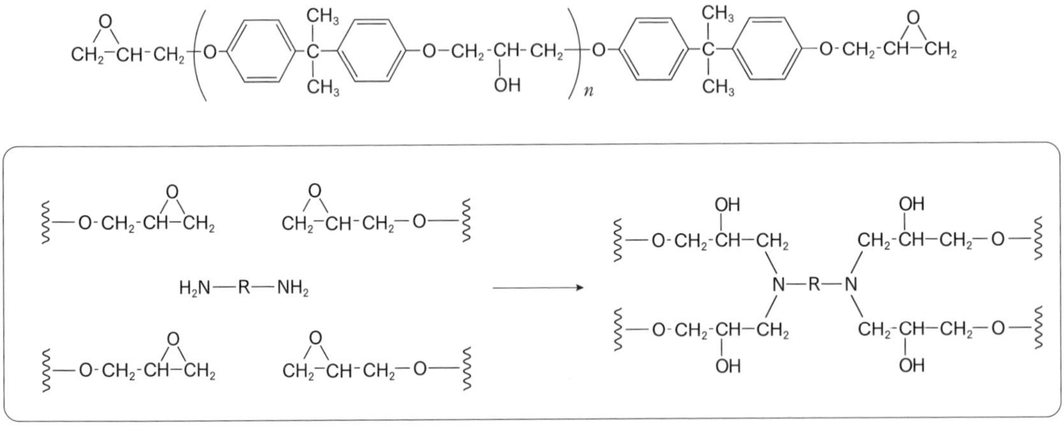

図3.31　代表的なエポキシ樹脂の基本構造と硬化剤（1級アミン）による架橋反応の例

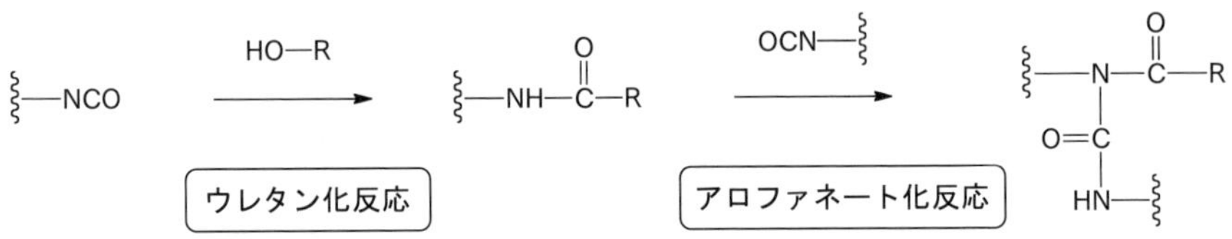

図3.32　イソシアナートとアルコールの反応例

反応型接着剤には，瞬間接着剤と呼ばれるものも含まれる。一般に瞬間接着剤は，2-シアノアクリル酸エステルの重合を利用している。2-シアノアクリル酸エステルはシアノ基の強い電子吸引性により分極しており，接着面に付着した水や塩基性物質によって容易に重合が開始される（図3.33）。開始種は双性イオンと考えられている。重合は室温で速やかに進行し，瞬間的に硬化する。そのため，一液型で用いることができ，接着できる基材の幅も広いので，家庭用のみならず工業的にも多く用いられている。

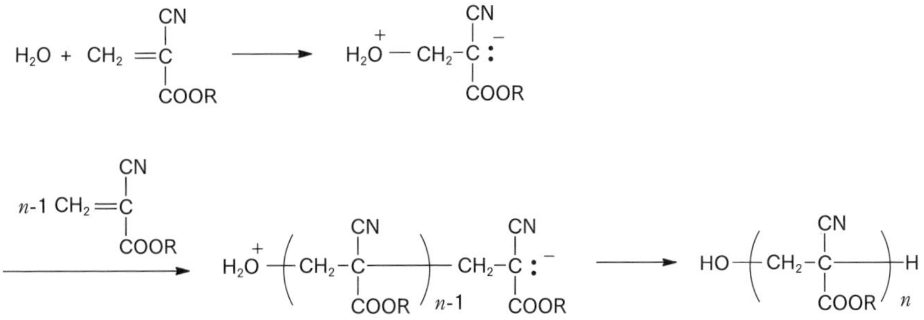

図3.33　2-シアノアクリル酸エステルのアニオン重合機構

3-5-4　塗料用樹脂

材料表面の有機系塗膜は極めて重要な技術である。自動車，車両，船舶，航空機，機械，橋梁，建築，缶詰など，あらゆる分野で大量に消費されている。例えばジャンボ機には1機当たり約4トンもの塗料が使われているそうである。

一方，粘性のある樹脂が反応して骨材や顔料を取り込んだ共有結合性有機固体に変化していくところに共通点があるものの，「分子の世界」の世界で考える同質的な「高分子」が示す「動的な分子の集団」としての性質は塗膜にはほとんど現れない。また，塗料用樹脂は共重合体などの複雑な化学構造のものが多い。この点から，これまで高分子化学の教科書で扱われることもそれほど多くはなかったと思われる。

読者にはなじみが薄いと思うが，重要な分野であるので，塗料のタイプを述べる程度に止めるが，ここで簡単に触れる。

【用　語】顔料を含み，不透明仕上がりになるものをペイントまたはエナメルと呼び，顔料を含まないものをワニスまたはクリヤーと呼ぶ。

【溶剤設計】有機溶剤型塗料の設計は難しい。通常，低沸点の貧溶媒（樹脂との親和性が低い溶媒）と高沸点の良溶媒（親和性が高い溶媒）とを組み合わせる。こうすると乾燥工程で樹脂が分離しない。
　代表的な溶剤を挙げる。通常はこれらを混ぜて使う。
a) 炭化水素類：シクロヘキサン，トルエン，混合キシレン
b) アルコール類：イソプロパノール（IPA），ブタノール
c) ケトン類：アセトン，メチルエチルケトン（MEK），メチルイソブチルケトン（MIBK），シクロヘキサノン（アノン）
d) エステル類：酢酸エチル，酢酸（イソ）ブチル

(a) 有機溶剤型

樹脂を溶剤に溶かしたもの。フェノール樹脂, アルキド樹脂（熱硬化性ポリエステル樹脂）, エポキシ樹脂, アクリル樹脂, ポリウレタン樹脂などが使われている。一般に塗膜が丈夫である。

(b) エマルジョン型

水に樹脂を乳化・分散させたもの。酢酸ビニル系, スチレン-ブタジエン系, アクリル系エマルジョンペイントなどが使われている。一般に環境に優しく, 塗装が容易である。

(c) 無溶剤型

エポキシ樹脂が典型例である。これは樹脂と硬化剤を組み合わせたものである。自動車の塗装や缶コーティングに使われ, 主として工場で塗装する。無溶剤型にはホットメルト型塗料も含まれる。これはワックス状塗料を加熱・溶融して塗装するものである。ポリ酢酸ビニル, ポリビニルブチラール, アクリル樹脂, ポリアミド, エチレン-酢酸ビニル共重合体（EVA）などが使われている。環境汚染の観点から, 最近はエマルジョンペイントが増えている。

3-6　光学的透明性を特徴とする高分子材料

3-6-1　ポリメタクリル酸メチル

ポリメタクリル酸メチル（poly(methyl methacrylate): PMMA）は, メタクリル樹脂とも呼ばれ, 高い透明性と優れた耐候性を示す。モノマーであるメタクリル酸メチルは 1932 年に ICI 社により工業的製造法が開発され, 1930 年代にポリメタクリル酸メチルの生産が始まった。ラジカル重合で工業的に製造されているポリメタクリル酸メチルは立体規則性高分子ではないが, シンジオタクチシチーの割合が高く, 一般に 65〜75％ のシンジオタクチシチーのものが市販されている。

ポリメタクリル酸メチルの特筆すべき特徴は, その光学特性である。ポリメタクリル酸メチルは 300〜1,000 nm の領域の光を透過させる。光安定剤を添加したメタクリル樹脂においても可視光領域（400〜700 nm）でほとんど吸収のない透明性の高い材料である。光線透過率は 93％ 程度であり, 他の透明性樹脂と比べても高い。

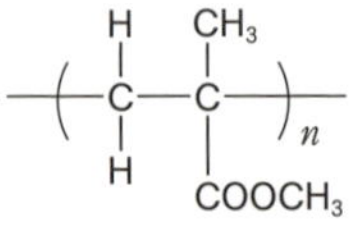

図 3.34　ポリメタクリル酸メチルの基本構造

3-6-2 環状オレフィン系重合体

環状オレフィン系重合体は，分子内に脂環式炭化水素構造を有する重合体の総称である。代表的なモノマーは双環構造のノルボルネン誘導体である。重合方法は，チーグラー触媒やメタロセン触媒を用いた付加重合，および遷移金属触媒による二重結合のメタセシス反応を利用した開環重合がある（図3.35）。前者では，双環構造は保たれるが，立体障害が大きく単独重合が困難なため，一般にα-オレフィンと共重合される。一方，後者は高分子鎖中に二重結合が残り酸化安定性に乏しいため，水素添加により飽和体とされる。工業化は比較的最近で，1990年代初頭に三井化学が付加重合体を，また日本ゼオンとJSRが開環重合体を企業化した。

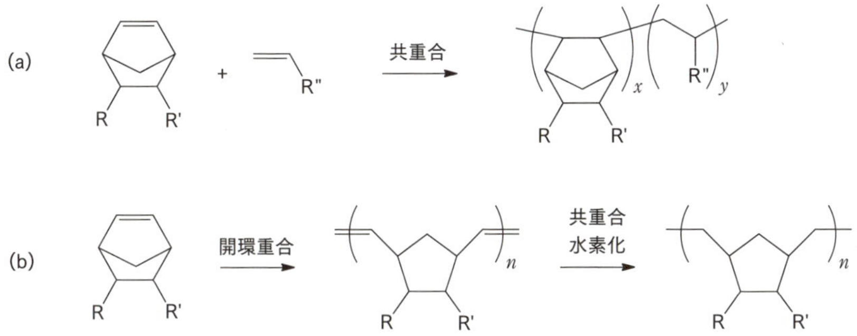

図3.35　環状オレフィン系高分子の合成：(a) 付加重合 (b) 開環重合

環状オレフィン系重合体は非晶性であり，透明性が高く複屈折も低いため，光学部品用材料として適している。また，吸水性も低いため寸法変化が小さく，この点においては，ポリメタクリル酸メチルやポリカーボネート*といった樹脂に比べて特に優れている。用途には，レンズ，プリズム，導光板などがある。

* 本書では「ポリカーボネート」も「ポリエチレンテレフタレート」と同様「〜ネート」を使用する（命名法に従うと〜ナート）。

3-7　フィルム・シート・ボトル用高分子材料

これらの材料には透明なものが多く，内部や区切られた空間が外側・逆側から見えることが，ガラス以外ではほぼはじめて達成できたわけで，その意義は極めて大きい。まさに，有機高分子材料の特徴を活用した用途である。これらの用途に用いられる高分子素材は，一次元的に用いられていた材料の二次元的，三次元的拡張であることが多く，すでに登場した汎用プラスチック用高分子素材や繊維素材が用いられることになる。それとともに，空間を区切る材料として高度に機能化された複合材料という点で，多層化や薄膜付着等製造プロセスが特徴的なものでもある。その点で，これらの素材については，「要求された性能」に対する付形

化手法，修飾・開発手法が大きく関わる．そこで，本書ではこれらの材料について，次章において用途・製造・成形をまとめて解説する．

参考文献

1) 吉田泰彦ほか，『高分子材料化学』，三共出版（2001）．
2) 鶴田禎二，川上雄資，『高分子設計』，日刊工業新聞（1992）．
3) 柴田充弘，山口達明，『E-コンシャス高分子材料』，三共出版（2009）．
4) プラスチック・機能性高分子材料事典編集委員会 編，『プラスチックス・機能性高分子材料事典』，産業調査会（2004）．
5) 繊維学会 編，『やさしい繊維の基礎知識』，日刊工業新聞社（2004）．
6) 日本接着学会 編，『接着ハンドブック』，日刊工業新聞社（2007）．
7) 野瀬卓平，中浜精一，宮田清蔵 編，『大学院 高分子科学』，講談社サイエンティフィク（2004）．
8) 「特集 2006 年日本プラスチック産業の展望」，プラスチックス，57, 27（2006）．
9) 尾崎邦宏 監，松浦一雄 編，『適用事例にみる高分子材料の最先端技術』，工業調査会（2007）．
10) 日本プラスチック工業連盟 監，『よくわかるプラスチック』，日本実業出版社（2010）．
11) 北野博巳，功刀滋 編著，『高分子の化学』，三共出版（2008）．
12) 田中文彦，『高分子の物理学』，裳華房（1994）．
13) 高分子学会，「日本の高分子科学技術史」年表（2005）．

4 高分子材料の製造・成形

　高分子材料の多くは，石油の一留分であるナフサの分解物を出発原料としてつくられている。そのうち特に重要な分解物は，エチレン，プロピレン，ブタジエンなどの不飽和炭化水素とベンゼン，トルエン，キシレンなどの芳香族炭化水素である。前者は直接ポリマー原料（モノマー，単量体とも呼ぶ）にもなるし，種々のモノマーの（素）原料にもなる。一方，後者は直接ポリマー原料にはならないが，種々のモノマーの（素）原料になる。このように，明らかに「プラスチックスは石油製品」である。

　本章では，石油から誘導される高分子材料の中核をなす汎用高分子*がどのようにつくられているかについて概要を述べる。ここで取り上げる汎用高分子の基本化学構造はいずれも古くから知られていたが，化学者をはじめとする多くの科学者・技術者のたゆまぬ努力や試行錯誤によって洗練化がなされたからこそ，今日の地位を得たといっても言いすぎではない。その努力は，材料開発，プロセス開発，製品・商品開発，用途開発など多方面にわたっている。これらは，性能向上とコストダウンの両面から行われている。身近に使われているプラスチックスや繊維，フィルム・シート，エラストマーなど具体的な製品に結びつけて眺めるときっと興味を持って学べるでしょう。

＊　機械的性質，熱的性質，寸法安定性などの点で金属に代わり得るプラスチックスをエンプラ（エンジニアリングプラスチックス，エンジニアリングポリマー）と呼ぶ。ただし，定義や概念があいまいである。現在では，「汎用エンプラ」と「特殊エンプラ（スーパーエンプラ）」に分けるのが一般的（文献12参照）。汎用高分子材料はエンプラに比べ性能は低く，日常生活で使用される多くの高分子材料全般を指す。

*1 本章では慣例と JIS K6900 に従って，原則として「樹脂」は原材料に，「プラスチック（ス）」は成形品にあてる。なお，繊維，フィルム・シート，エラストマー，塗料は「プラスチック（ス）」には含めない。

4-1 成形樹脂（プラスチックス用樹脂）[*1]

ここでは，大量に出回っているプラスチックス製品のもとになる成形樹脂について述べる。これらは，前者は鎖状高分子（線状高分子）からなり，一般に成形後でも溶媒に溶け，高温で溶融する熱可塑性樹脂と，加熱成形すると三次元網目構造を形成して，不溶・不融になる熱硬化性樹脂に分けられる。一般に熱可塑性樹脂の成形物は柔軟で，熱硬化性樹脂の成形物は硬くてもろいために，熱硬化性樹脂は充填剤を混ぜて成形することが少なくないなど，成形物の物性・用途に差がある。

ナフサ分解物を蒸留・分離して製造される主な成分を表 4.1 に示す。ナフサは沸点 40～180℃ の石油留分で，「粗製ガソリン」とも呼ぶ。

表 4.1 ナフサ分解で得られる主な炭化水素

留分	分解物名	化学式	沸点（℃）
C_1 留分	メタン	CH_4	-162
C_2 留分	エチレン	$CH_2=CH_2$	-104
C_3 留分	プロピレン	$CH_2=CHCH_3$	-48
C_4 留分	ブタジエン	$CH_2=CH-CH=CH_2$	-4.4
芳香族留分	ベンゼン	C_6H_6	80.1
	トルエン	$C_6H_5CH_3$	110.6
	キシレン[†]	$C_6H_4(CH_3)_2$	138.4～144.4

[†] $o-$, $m-$, $p-$異性体が存在する。

重合方法の歴史

ポリエチレンは初期，エチレンのラジカル重合法によってつくられた（LDPE）。20 世紀中頃，$TiCl_4/Al(C_2H_5)_3$ や $TiCl_3/Al(C_2H_5)_3$ をはじめとする一連の Ti 系触媒（チーグラー触媒あるいはチーグラー–ナッタ触媒）を用いる配位アニオン重合による HDPE や立体規則性のあるイソタクチックポリプロピレンやシンジオタクチックポリプロピレンの合成法が開発された。さらに 20 世紀末にメタロセン触媒（カミンスキー触媒）により，分子量分布の狭いポリエチレンやポリプロピレンが得られるようになった。

反応機構別に分類した重合法の種類は，(a) 付加重合（ビニル重合）：ラジカル重合，アニオン重合，カチオン重合，配位アニオン重合，(b) 重縮合（縮合重合），(c) 重付加，(d) 開環重合，(e) 付加縮合，(f) 高分子反応がある。

立体規則性を有するポリマーの合成は配位アニオン重合法に限られ，ラジカル重合法，アニオン重合法，カチオン重合法では立体規則性は得られない。

熱可塑性樹脂各論

世の中に出回っているプラスチックス製品の大半は五大汎用ポリマー（五大汎用高分子）。すなわち，低密度ポリエチレン（LDPE），高密度ポリエチレン（HDPE），ポリプロピレン（PP），ポリスチレン（PS），ポリ塩化ビニル（PVC）からなるが，その他ポリメタクリル酸メチル（PMMA）および酢酸セルロース（CA）も重要な汎用ポリマーである。これらは皆，熱可塑性樹脂である。

（1）ポリエチレン（PE）・ポリプロピレン（PP）（ポリオレフィン）

重　合　初期のエチレンラジカル重合法─高圧プロセス（図4.1）では，反応は約200〜300℃/100〜300 MPa，無溶媒で行われた。また，開始剤として酸素や過酸化物が使われた。一方，配位アニオン重合法−低圧（懸濁重合）プロセスでは，約100℃/1〜2 MPaで行われた。

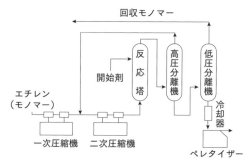

図4.1　高圧法（ICI法）ポリエチレンの製造工程図（参考文献1より）

高圧プロセスで，このような高圧条件が必要なのは次の理由による。

エチレンの臨界温度は低く，わずか9.2℃である。それ以上ではいくら圧力をかけても液化しない。したがって，高圧をかけて気相のまま密度を上げるか，溶媒にエチレンを圧入しないかぎり濃度をかせげないことになる（ボイルの法則やヘンリーの法則）。高圧プロセスの条件設定は，前者の法則で説明できる。なお，低圧プロセスの条件設定は，後者の法則で説明できる。

最近ではいろいろの共重合体や製造方法重合プロセスが提案・実施されている。最近のポリエチレン重合プロセスの分類としては次のものがある。高圧法，スラリー法（溶剤懸濁法），溶液法，気相法。また，活性の高い触媒も数多く開発されている。最近の触媒（第五世代の触媒）は初期の触媒（第一世代の触媒）の約100倍の活性を示す。メタロセン触媒（第六世代の触媒）にいたっては，約1万倍の活性を示す。いずれにしても化学反応式は次のとおりである。ただし，ポリプロピレンの製造にはラジカル重合法は適用できない。

$$n\mathrm{CH_2=CH_2} \rightarrow \mathrm{+CH_2CH_2+}_n \qquad n\mathrm{CH_2=CHCH_3} \rightarrow \mathrm{+CH_2CH+}_n$$
$$\phantom{n\mathrm{CH_2=CHCH_3} \rightarrow \mathrm{+CH_2CH+}_n \qquad\qquad\qquad\qquad} \mathrm{CH_3}$$

> **Q** 触媒活性が高いことの最大メリットは何ですか？
>
> **A** 触媒を除かなくても，そのまま製品として使える点にあります。つまり，脱灰工程が不要になります。はじめのころは触媒の除去に苦労しました。

プロピレンの重合にラジカル重合法を使ったとすると，アリルラジカルの共鳴安定化に基づく連鎖移動反応（一種の停止反応）がひんぱんに起こるために，高重合体が得られないのである。

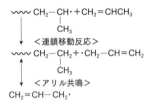

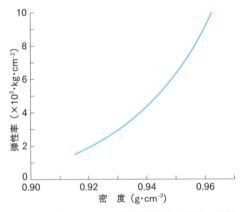

図4.3　ポリエチレンの引張弾性率と密度の関係
（引用文献2より）

構造および性質　ラジカル重合法でも，配位アニオン重合法でも，同じ基本化学構造のポリエチレンが得られる。

しかし，分岐（枝分かれ）や分子量分布などが違う。その違いが結晶化度や密度に影響を及ぼし，ひいては成形物の機械的性質（力学的性質），熱的性質などの諸物性に大きな影響を及ぼす。

例えば，わずかな密度の増加が大きな弾性率の増加につながる。

ラジカル重合法によると長鎖分岐が多く，結晶化度～65％の比較的結晶性の低いポリエチレン，低密度ポリエチレン（LDPE）が得られる。それに対して，配位アニオン重合法（チーグラー法）によると分岐が少なく，結晶化度～80％の結晶性の高いポリエチレン高密度ポリエチレン（HDPE）が得られる。密度の違いに基づき，表4.2（a）にポリエ

表 4.2（a） ポリエチレン（PE）の代表的な性質[a]

項 目	単 位[*1]	試験法 (ASTM)[*2]	HDPE	LDPE	LLDPE
射出成形温度	℃	—	150〜310	150〜310	180〜260
密度	g·cm^{-3}	D792	0.941〜0.965	0.910〜0.925	0.918〜0.940
光線透過率	%	D1003	0〜40	0〜75	0〜70
引張破断点応力	kg·cm^{-2},[b]	D638	200〜400	90〜300	150〜350
引張破断点伸び	%	D638	10〜1,200	100〜600	450〜1,000
引張弾性率	10^3 kg·cm^{-2}	D638.	6.0〜13.0	1.8〜2.8	2.7〜5.3
衝撃強度[c]	kg·cm·cm^{-1},[d]	D256.	0.5〜20	破壊せず	破壊せず
結晶融点.	℃	—	120〜140	107〜120	122〜124
荷重たわみ温度[e]	℃	D648	60〜82	38〜74	46〜66

[*1] 原典記載の単位で表記した。国際（ISO）単位の値が必要な場合は脚注の換算式を用いる。
[*2] 主な規格の種類：ISO（国際規格），JIS（日本），ASTM（米国），DIN（ドイツ）
[a] 引用文献 2 より抜粋　[b] 1 kg·cm^{-2}=9.81×10 kPa≒0.1 MPa　[c] アイゾット衝撃強度（ノッチ付）　[d] 1 kg·cm·cm^{-1}=9.81 N　[e] 荷重 4.6 kg·cm^{-2}（ここで kg=kg 重）

表 4.2（b） イソタクチックポリプロピレン（PP）の性質[a]

項 目	単 位	試験法	PP
射出成形温度	℃	—	200〜300
引張破断点応力	kg·cm^{-2},[c]	ISO R527	300〜400
引張破断点伸び	%	ISO R527	550〜700
結晶融点	℃	DSC	167〜170
荷重たわみ温度[b]	℃	ISO R75	112〜114

[a] 引用文献 2 より抜粋　[b] 荷重 4.6 kg·cm^{-2}
[c] 1 kg·cm^{-2}≒0.1 MPa（ここで kg=kg 重）

チレン成形物の代表的な性質を示す。一般に HDPE は LDPE より弾性率や耐熱性は高いが，衝撃強度は低い。つまり脆い。しかし，いずれの場合も厚物の成形物は不透明である。

一方，ポリプロピレン（PP）はもっぱら配位アニオン重合法によって得られる。PP の性質は立体規則性に大きく依存する。そのうち，耐熱性，剛性，耐薬品性（ガソリン，洗剤，食用油，酸・塩基などに対する耐性）が最も高いイソタクチックポリプロピレンが主に製造されている（表 4.2（b））。第一世代の触媒でつくった PP の結晶化度（イソタクチックインデックス）は 90〜95％ 程度であったが，第四世代〜第六世代の触媒を用いると 95〜99％ にまで達している。

> **Q** なぜラジカル重合法では（長鎖）分岐が多く生じるのですか？
> **A** 分子内あるいは分子間で水素引き抜き反応が起こるからです。(3 章 1-7 参照)
>
> **Q** 結晶性ポリマーの結晶化度は 100％ ではないのですか？
> **A** 違います。結晶性ポリマーの結晶化度の高い・低いは，40〜50％ を

中心に判断して大きな誤りはありません。高密度ポリエチレンは特別です。一般に結晶化度が上がると硬くなり，成形物の弾性率や耐熱性が上がります。しかし，光散乱が増大して，透明性は顕著に下がります。また，衝撃強度も下がります。

> 非晶相と結晶相が混在すると不透明になる。逆に単一相からなるガラス（非晶）や氷，水晶（結晶）は透明である。

> **Q** どんなポリマーが結晶化しやすいのですか？
> **A** 立体配置まで含めて同じ構造単位が規則的に並んでいるポリマーです。ポリエチレンやイソタクチックポリプロピレンが代表例です。アタクチックポリプロピレンは結晶化しません。一般に単純で対称性の高いポリマーほど結晶化しやすいといえます。
>
> 立体配置はコンフィギュレーションに，立体配座はコンホメーションに対応する。

成形 　成形物には射出成形法，パイプには押出成形法，ボトルにはブロー成形法を適用する。ポリエチレンの射出成形温度は150～310℃，ポリプロピレンの射出成形温度は200～300℃である。

成形法の種類として，射出成形法，押出成形法，圧縮成形法，移送（トランスファー）成形法，注型法，発泡成形法，積層成形法，ブロー成形法がある。

> **Q** 射出成形温度とはどこの温度を指すのですか？　また，それはどう決めるのですか？
> **A** 単に射出成形温度というと，シリンダー温度を指します。これは溶融樹脂の流動性と熱分解特性を見て決めます。なお金型温度は，冷却過程での固まり具合にもよりますが，70～80℃以下と思って大きな誤りはありません。なぜなら，通常は熱容量の大きい水で金型を冷やすからです。
> **Q** それならなぜ常温まで冷やさないのですか？
> **A** もちろん常温まで冷やしても不都合はありません。しかし冷却に時間がかかり，成形サイクルの低下を招きます。

(2) ポリスチレン（PS）

原料 　モノマーのスチレンはエチルベンゼンの接触的脱水素反応によって得られる。エチルベンゼンは，エチレンとベンゼンのフリーデル–クラフツアルキル化反応によって製造する。エチルベンゼンの接触的脱水素反応は，酸化鉄を主体とする触媒の存在下で行う。こうして得られるスチレンは，沸点145.1℃の芳香性液体である。

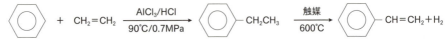

このプロセスの難点は，未反応のエチルベンゼン（沸点 136.2℃）と生成物のスチレンとの分離にある。沸点が近いために，高い精留塔を数

本も並べて蒸留・精製しなければならない。

重　合　スチレンには，ラジカル重合，アニオン重合，カチオン重合のいずれも適用できる。工業では最も制御しやすいラジカル重合法がもっぱら採用されている。この重合法ではアタクチックポリスチレンが得られる。

$$n\text{CH}_2=\text{CH}-\text{C}_6\text{H}_5 \xrightarrow[100\sim170^\circ\text{C}]{\text{有機過酸化物}} +\text{CH}_2-\text{CH}(\text{C}_6\text{H}_5)+_n$$

開始剤には過酸化ベンゾイル（BPO）などの有機過酸化物が使われる。重合温度は過酸化物の分解温度に依存する。プロセス上では塊状重合プロセスや懸濁重合プロセスが適用できるが，最近は前者が主流になっている。

> **コラム**　付加重合の進み方
>
> 付加重合体生成過程：開始反応，成長反応，連鎖移動反応，停止反応（カップリング反応，不均化反応）

主な重合プロセス（重合技術）の種類を次に示す。
(a) 付加重合系の例：塊状重合，溶液重合，懸濁重合，乳化重合，気相重合
(b) 重縮合（縮合重合）系の例：溶融重合，（高温，低温）溶液重合，界面重合，固相重合

> **Q**　塊状重合プロセスでは，重合槽内が固まってしまわないですか？
> **A**　高温で重合し，モノマーを残すので固まりません。つまり，モノマーが溶媒の役割をします。しかし転化率を上げると粘性が高くなり，反応熱が除去しにくいために，取り扱いがやっかいです。
>
> **Q**　重合槽の中は高分子量のポリマーとモノマーだけですか？
> **A**　そうです。ラジカル重合では開始反応より成長反応がはるかに速い。そのために，いったん開始すると，そのポリマー鎖はいっきに高分子量ポリマーにまで成長します。したがって，成長途中の低分子量のポリマーはほとんど混じりません。

HIPS（ハイインパクトポリスチレン，耐衝撃性ポリスチレン）はポリブタジエンのスチレン溶液からラジカル重合法によってつくる。開始剤ラジカルや成長末端ラジカルの一部は，ポリブタジエンのメチレン残基から水素ラジカルを引き抜きメチレン残基へ連鎖移動する。そこに生じたアリル型ラジカルからスチレンの重合が再開し，グラフト共重合体

に成長する。グラフト共重合法の一種であり,ポリマーアロイの一種でもある。この共重合では,まずポリスチレンブロック—スチレンから成る混合粒子が相分離する。そして,スチレンのグラフト重合が進むと,逆にポリブタジエンブロックから成る粒子（島）がポリスチレンマトリックス（海）に分散した構造に相転移する。その結果,写真4.1に示すような海島構造が生成する。なおこの方法では,スチレンがポリブタジエンへグラフト共重合するだけでなく,単独重合も起こっている。

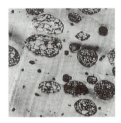 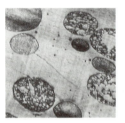

写真4.1　耐衝撃性ポリスチレン（HIPS）の電子顕微鏡写真（引用文献2の写真を引用）

成　形　　通常の成形物は射出成形法,発泡体（発泡ポリスチレン）は発泡成形法（発泡剤を加えて成形する方法）による。

性　質　　ポリスチレンの性質を表4.3に示す。GPPS（一般用（途）ポリスチレン,general purpose PS）は比較的もろい非晶性・透明樹脂である。それに対してHIPSは海島構造を形成するため,透明度が大幅に落ちる。しかし,GPPSの欠点であるもろさが大幅に改善され,強靭になる。図4.5にポリスチレンの弾性率の温度依存性を示す。ポリスチレンが日常生活の温度域で形状を維持できることが読みとれる。

表4.3　ポリスチレンの性質[a]

項　目	単位	試験法	GPPS	HIPS
光線透過率	%	—	88〜91	81
引張破断点応力	$kg \cdot cm^{-2,b}$	JIS K6871	460	340
引張破断点伸び	%	JIS K6871	1.8	45
アイゾット衝撃強度	$kg \cdot cm \cdot cm^{-1,c}$	JIS K6871	1.7	7.8
ガラス転移温度	℃	—	100	—
荷重たわみ温度	℃	JIS K6871	86	86

[a] 引用文献2〜4より抜粋　[b] $1 kg \cdot cm^{-2} \sim 0.1 MPa$　[c] $1 kg \cdot cm \cdot cm^{-1} = 9.81 N$　ここでkg=kg重

用　途　　広範・大量の用途がある。

（a）一般用ポリスチレン（GPPS）の用途：雑貨,透明容器（例：光ディスクなどのケース）,冷蔵庫収納箱（写真4.2）,発泡容器・コンテナ

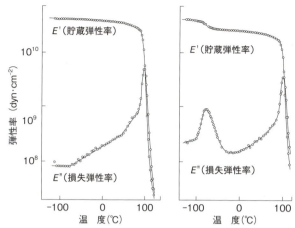

図 4.5 ポリスチレンの弾性率の温度依存性
（周波数：20 Hz）（引用文献 2 より）

写真 4.2 冷蔵庫の収納箱（ポリスチレン）

(b) 耐衝撃性ポリスチレン（HIPS）の用途：テレビジョンや OA 機器の筐体（箱），衣裳ケース，乳酸食品容器

なお，ポリフェニレンオキシドと相溶するので，その変性剤として使われている。また，ポリスチレンに残存するモノマーは，次に示すように化学物質過敏症や内分泌攪乱物質など環境との関連が指摘されている。したがって，使用にはその配慮が必要であることをつけ加えておく。

① 温室効果ガス（CO_2，CH_4，フレオンなど）
② 内分泌攪乱物質（環境ホルモン）
③ 化学物質過敏症（シックハウス症候群）
④ ダイオキシン（850℃ 以下の焼却炉で発生しやすいとされている）

Q ところで GPPS の分子量はどの程度ですか？ 分子量を上げれば，もっと強靭になりませんか？

A 重量平均分子量（M_w）が 20〜40 万程度のものが使われます。分子量を上げると，ある程度強靭にはなりますが，成形が難しくなります。

Q どんな基準で分子量を設定するのですか？

A 成形物の機械的性質（力学的性質）と溶融樹脂の流動性（成形性）を考えて設定します。前者には高分子量が，後者には低分子量が有利です。

Q 具体的な分子量を教えてください。

A 成形用樹脂の分子量をいくつかあげます。
(a) 高密度ポリエチレン（HDPE）：5～15万（粘度平均分子量）
(b) 一般透明ポリ塩化ビニル（PVC）：6～8万（JIS K6721）
(c) 射出成形用ポリメタクリル酸メチル（PMMA）：6～15万（測定法不明）

ただし，測定法が統一されていないために，ポリマー間の厳密な比較は難しい。近年ではゲルパーミエーションクロマトグラフィー（GPC）が好んで使われるが，適切な溶媒が見つからないことが少なくない。一般に分子間力の大きいポリマーには低重合体が使われます。なおモノマーキャスティング法でつくった PMMA では，分子量 100 万のものも珍しくはありません。この方法ではポリマーの流動性を気にしなくて済むからです。

Q 分子量はどうやって制御するのですか？

A 付加重合系ポリマーと重縮合系ポリマーでは異なる制御をします。前者は連鎖機構で，後者は逐次機構で反応が進行するからです。前者のうちラジカル重合系では連鎖移動剤を加え，リビングアニオン重合系では開始剤量によって制御できます。後者の場合，例えば PET の場合などは，ポリマーの溶融粘度を反映する撹拌翼のトルクを測定すれば制御できます。

(3) ポリ塩化ビニル（PVC）

原　料　塩化ビニルの炭素源にはアセチレンまたはエチレンが使われる。塩素源には塩素または塩化水素が使われる。

> **コラム　NaOH と Cl₂**
> ガラス工業の主原料の 1 つである NaOH は，食塩電解によって製造する。副生する Cl_2 は塩化ビニルの製造に使われている。また，H_2 も HCl に転換して，塩化ビニルの製造に使われている。

(a) アセチレンからの製造法

アセチレンに塩化水素を付加する方法である。水銀化合物触媒の存在下，気相条件で行う。

$$CH \equiv CH \ + \ HCl \ \xrightarrow[140～200℃]{HgCl_2/C} \ CH_2 = CHCl$$

(b) エチレンからの製造法（EDC 経由法）

1,2-ジクロロエタン（EDC）を経由する方法である。その製造法には，エチレンの塩素化法（液相）およびオキシ塩素化法（気相）の2通りがある。いずれもルイス酸触媒が用いられる。

$$CH_2=CH_2 + Cl_2 \xrightarrow[40\sim70℃/0.5\,MPa]{ルイス酸触媒（CuCl_2）} ClCH_2CH_2Cl$$
（塩素化法）

$$CH_2=CH_2 + 2HCl + 1/2O_2 \xrightarrow[230℃/0.3\,MPa]{CuCl_2担持触媒} ClCH_2CH_2Cl + H_2O$$
（オキシ塩素化法）

1,2-ジクロロエタンを気相中，高温で脱塩化水素すると塩化ビニルが得られる。通常，無触媒で行う。

$$ClCH_2CH_2Cl \xrightarrow[500℃/3\,MPa]{\Delta} CH_2=CHCl + HCl$$

こうして得られる塩化ビニルは，沸点－13.9℃の重い気体（空気の2.2倍）である。

重　合　ポリ塩化ビニルはラジカル重合法で製造する。初期のころは乳化剤を加えて塩化ビニルを水に分散させ，水溶性開始剤によりミセル内で重合させる方法（乳化重合プロセス）が主流であったが，現在では塩化ビニルを水などの非溶剤に分散させ，油溶性の開始剤（有機過酸化物）により油滴内で重合させる方法（懸濁重合プロセス）（図4.7）が主流になっている。

> **Q**　懸濁重合プロセスの長所は何ですか？
> **A**　第1の長所は，熱容量が大きい水を使うことにより容易に温度調節ができることです。第2の長所は，乳化重合プロセスと異なり，生成ポリマーの分離・精製が容易なことです。未反応モノマーを留去（ストリッピング）した後に，濾過・遠心分離すれば済みます。

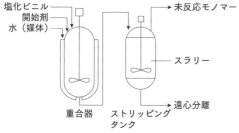

図4.7　塩化ビニルの懸濁重合プロセス
（引用文献4を参照）

$$n\text{CH}_2=\text{CHCl} \xrightarrow[40\sim70℃]{\text{有機過酸化物}} -(\text{CH}_2\text{CHCl})_n-$$

成 形　成形品は射出成形法によって賦形する。パイプやチューブ類，厚手のシートや合成皮革は溶融押出成形法─カレンダー加工によって賦形する。

性 質　ポリマーそのものは融点（T_m）273℃，ガラス転移温度（T_g）81℃，結晶化度約10％の硬い固体である。しかし，可塑剤を加えると柔軟になる。代表的な可塑剤としてフタル酸の高級アルキルエステルがあげられる。

> **コラム　可塑剤**
> 成形樹脂に加える柔軟剤。フタル酸の高級アルキルエステルがよく使われる。

> **Q** ラジカル重合でつくっても，結晶性ポリマーが得られるのですか？
> **A** ポリ塩化ビニルの場合は，統計的に生じる短いシンジオタクチック連鎖の部分がわずかながら結晶化します。ちなみに，そのシンジオタクチックインデックスは54〜56％にしか過ぎません。なお完全アタクチック重合体のシンジオタクチックインデックスは50％です。その差わずか4〜6％です。ここで，インデックス（Index, 指標の意）は「割合」と考えてよい。

表4.4に硬質塩ビ（硬質ポリ塩化ビニル）と軟質塩ビ（軟質ポリ塩化ビニル）の性質を示す。可塑剤を加えると，① 伸度（伸び）が増加し，② 柔軟温度が常温以下になり，③ 引張弾性率が顕著に下がることが表から読み取れる。なお，塩ビ（軟質ポリ塩化ビニル）は塩素を含むために難燃性が高い。

表4.4　ポリ塩化ビニル成形物の性質[a]

項　目	単　位	試験法（ASTM）	硬質（不透明）	軟質（一般透明）
可塑剤量	phr[b]	─	─	約50
射出成形温度	℃	─	150〜225	160〜195
引張り破断応力	kg・cm^{-2}	D638	400〜450	202〜255
引張り破断伸び	％	D638	90〜160	330〜390
引張り弾性率	kg・cm^{-2}	D638	28,000〜42,000	85〜120[c]
ガラス転移温度	℃	─	81	─
柔軟温度	℃	D1043	75	−15〜−20
ぜい化温度	℃	D746	−20	−20〜−25
荷重たわみ温度[d]	℃	D648	76	

[a] 引用文献2, 3より抜粋　[b] ポリマー100gに加える可塑剤量（g）　[c] 100％モジュラス　[d] 荷重18.5 kg・cm^{-2}

(4) ポリメタクリル酸メチル（PMMA）

原　料　モノマーのメタクリル酸メチルは，アセトンからシアンヒドリンへの誘導を経由して得られる。教科書に出てくる反応の組み合わせである。

$$\underset{CH_3}{\overset{CH_3}{>}}C=O + HCN \xrightarrow[<40℃]{OH^-} \underset{CH_3}{\overset{CH_3}{>}}\underset{OH}{\overset{CN}{C}} \xrightarrow[80〜140℃]{H_2SO_4/H_2O} \underset{CH_3}{\overset{CH_3}{>}}\underset{OH}{\overset{CONH_2・H_2SO_4}{C}}$$

シアンヒドリン

$$\xrightarrow[80℃]{CH_3OH} \underset{CH_2}{\overset{CH_3}{>}}C-\underset{O}{\overset{}{C}}OCH_3 + (NH_4)HSO_4$$

このプロセスでは大量の (NH$_4$)HSO$_4$ が副生する。その欠点を回避するために，イソブチレンの直接酸化法も開発されている。それはメタクロレインを経由する方法である。

こうして得られるメタクリル酸メチルは沸点 101℃ の液体である。

重　合　メタクリル酸メチルはラジカル重合法もアニオン重合法も適用できるが，工業ではラジカル重合法によってポリマーを製造する。懸濁重合プロセス，塊状重合プロセス，溶液重合プロセスが使われる。

$$nCH_2=\underset{COOCH_3}{\overset{CH_3}{C}} \xrightarrow[60〜70℃]{有機過酸化物} (CH_2-\underset{COOCH_3}{\overset{CH_3}{C}})_n$$

成　形　厚手のシート[*1] は注型法（モノマーキャスティング法[*2]）や溶融押出法で賦形する。その他は主として射出成形法で賦形する。

性　質　表 4.5 に PMMA の性質を示す。

(5) 酢酸セルロース（CA）

酢酸セルロースは，天然高分子の 1 つであるセルロースの酢酸エステルであり，歴史が古くて重要な高分子である。

重　合　酢酸セルロースは，セルロースを酢酸または無水酢酸によってアセチル化してつくる。このような反応を高分子反応と呼ぶ。

$$\left(\text{セルロース単位}\right)_n + 3nAc_2O \longrightarrow \left(\text{アセチル化単位}\right)_n + 3nAcOH$$

Ac = CH$_3$CO

[*1] 板ガラス状の厚手のシートを指す。したがって本節に含める。水族館では厚さ 50 cm にも及ぶ注型有機ガラスにお目にかかれる。

[*2] 金型の中で重合する。これは PMMA の製造に特徴的である。プラスチックレンズにも使われている。

成形　　成形物は射出成形法で賦形する。ちなみに，繊維は乾式紡糸法，フィルムはキャスティング法（乾式）で賦形する。

性質　　PMMAほど透明性は高くなく，耐熱性も高くないが，強靭であることが表4.5から読み取れる。

表4.5　ポリメタクリル酸メチル（PMMA）および酢酸セルロース（CA）の性質[a]

項目	単位	試験法(ASTM)	PMMA(注型板)	CA(一般グレード)
結晶性	—	—	非晶	非晶
光線透過率	%	D1003	93	88〜91
くもり度	%	D1003	1	〜3
引張破断点応力	$kg \cdot cm^{-2}$	D638	760	300
引張破断点伸び	%	D638	5	30
衝撃強度[b]	$kg \cdot cm \cdot cm^{-1}$	D256	2.0	22
ガラス転移温度	℃	—	105	—
荷重たわみ温度[c]	℃	D648	105	50

[a] 引用文献2, 3より抜粋　[b] アイゾット衝撃強度（ノッチ付）　[c] 荷重4.6 kg・cm^{-2}　ここでは kg=kg重とする。

コラム　繊維の分類

(a) 天然繊維：木綿，羊毛，絹，麻（4大天然繊維）
(b) 化学繊維：再生セルロース繊維，酢酸セルロース（アセテート）繊維
(c) 合成繊維：ポリアミド繊維，ポリエステル繊維，アクリル繊維（3大合成繊維）

4-2　繊維用樹脂

合成繊維の中でポリアミド繊維（ナイロン），ポリエステル繊維（PET繊維）およびアクリル繊維を三大合成繊維[*1]（三大合繊）と呼ぶ。本節では，これらについて述べる。日ごろ身につけている衣料に結びつけて学習すると一層興味がわくでしょう。

(1) ポリアミド（PA）

代表的なポリアミドとして，ポリアミド66（ナイロン66）とポリアミド6（ナイロン6）の2種類があげられる。

原料　　ポリアミド66はアジピン酸とヘキサメチレンジアミンとから得られる。一方ポリアミド6はε-カプロラクタムから得られる。

a) アジピン酸，ヘキサメチレンジアミン

アジピン酸はシクロヘキサノンまたはシクロヘキサノールから得られる。日本で主流のルートを図4.8に示す。

シクロヘキサンはナフサ分解によっても得られるが，純度の上からベンゼンの水素化によって得たものを主に使う。このシクロヘキサンを液相酸化するとシクロヘキサノールおよびシクロヘキサノンが得られる。

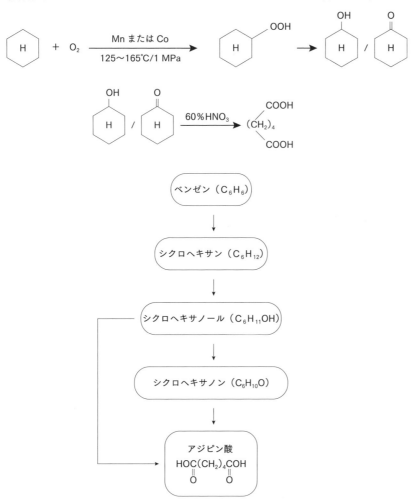

図4.8 アジピン酸の製造ルート

シクロヘキサノール／シクロヘキサノン混合物をそのまま硝酸酸化すると，融点153℃，沸点265℃，無色のアジピン酸が得られる。この反応は，硫酸水銀，バナジン酸アンモン，硫酸銅などを触媒に用いて，液相中35～275℃で行う。

ヘキサメチレンジアミンはいろいろなプロセスで製造される。そのほとんどがアジポニトリルを経由する。ここでは代表的なプロセスを紹介する。

アジポニトリルの製造法として，ブタジエンの直接ヒドロシアノ化法とアクリロニトリルの電解二量化法の2つがあげられる。前者は次式で表される。

$$CH_2=CH-CH=CH_2 + HCN \xrightarrow[30\sim150℃]{Ni 触媒} NC(CH_2)_4CN$$

後者はユニークな方法であり，両極での反応は次式で表される。つまり，陰極ではアクリロニトリルが還元され，陽極では等モルの水酸化物イオンが酸化される。

$$\begin{array}{rl} 陰極： & 2CH_2=CHCN + 2H^+ + 2e^- \longrightarrow NC(CH_2)_4CN \\ +)\ 陽極： & 2OH^- \longrightarrow 1/2O_2 + H_2O + 2e^- \\ \hline 全体： & 2CH_2=CHCN + H_2O \longrightarrow NC(CH_2)_4CN + 1/2O_2 \end{array}$$

こうして得られたアジポニトリルをアンモニアの存在下で水素化すると，融点41℃，沸点196℃（昇華）のヘキサメチレンジアミンの結晶が得られる。

$$NC(CH_2)_4CN + 4H_2 \xrightarrow[100℃/10\sim20\ MPa]{ラネー・ニッケル} H_2N(CH_2)_6NH_2$$

b) ε-カプロラクタム

ε-カプロラクタムの製造には，いろいろのプロセスが採用されている。そのほとんどはシクロヘキサノンオキシムを経由する。

シクロヘキサノンオキシムの製造法として，シクロヘキサノンのオキシム化とシクロヘキサンのオキシム化の2つを紹介する。後者は光ニトロソ化法と呼び，わが国で開発されたユニークな方法である。

シクロヘキサノンのオキシム化法は，シクロヘキサノンをヒドロキシルアミン[*1]によってオキシム化する方法である。有機化学の教科書にも載っている古典的な反応に基づいている。

*1 ヒドロキシルアミンも系統的命名法に基づく名称ではなく，慣用名を継続して用いるのが無難（操作安全上の配慮から）

シクロヘキサノン + $NH_2OH \cdot H_2SO_4$ $\underset{85℃}{\overset{NH_3}{\rightleftarrows}}$ シクロヘキサノンオキシム(=NOH) + $(NH_4)_2SO_4$ + H_2O

一方，光ニトロソ化法は，シクロヘキサンと塩化ニトロシルの混合物に紫外線を照射する方法である。その反応はニトロソシクロヘキサンを経由する。工業化学薬品の製造に光化学反応を利用することはまれである。

シクロヘキサン + NOCl $\xrightarrow[-HCl]{h\nu}$ [ニトロソシクロヘキサン-NO] ⟶ シクロヘキサノンオキシム=NOH

こうして得られたシクロヘキサノンオキシムをベックマン転位にかけると，融点69℃，沸点122～124℃/23 kPa，粉末・潮解性のε-カプロラクタムが得られる。

シクロヘキサノンオキシム $\xrightarrow[90℃\sim120℃]{発煙硫酸}$ $(CH_2)_5-\underset{NH}{C=O} \cdot 1/2H_2SO_4$ $\xrightarrow{NH_3}$ $(CH_2)_5-\underset{NH}{C=O}$ + $1/2(NH_4)_2SO_4$

この反応の欠点は，大量の硫酸アンモニウム[*1]の副生にある。その副生を避けるプロセスも開発されているが，ベックマン転位法をしのぐには至っていない。

[*1] 硫安の名称で窒素肥料として大量に使われていた。しかし，土壌の酸性化を招くために，需要が減っている。

製　法　ポリアミド66はヘキサメチレンジアミンとアジピン酸とから，ポリアミド6はε-カプロラクタム（図4.9）からつくる。一般に環の歪み（ひずみ）の大きい3, 4員環や7員環化合物は開環重合しやすい。それに対して，歪みの小さい5, 6員環化合物は開環重合しにくい。いうまでもなく，前者は重縮合法に基づき，後者は開環重合法に基づく。いずれも溶融重合プロセスによる。

$$n\mathrm{NH_2(CH_2)_6NH_2} + n\mathrm{HOOC(CH_2)_4COOH} \xrightarrow{\sim 280°C} \{\mathrm{NH(CH_2)_6NHCO(CH_2)_4CO}\}_n + 2n\mathrm{H_2O}$$

$$n\mathrm{(CH_2)_5}\underset{\underset{\mathrm{NH}}{|}}{-}\mathrm{C=O} \xrightarrow{\sim 280°C} \{\mathrm{NH(CH_2)_5CO}\}_n$$

なお前者の場合には，ジアミン成分とジカルボン酸成分を混合するといわゆるナイロン塩が晶出し，これを濾過・分離すると酸・塩基のモル比を正確に調節できる。

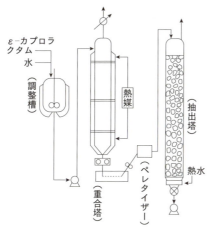

図4.9　ポリアミド6の連続重合装置
（文献4）より）

Q　カプロラクタムの重合には，なぜ水を加えるのですか？
A　水は開始剤の役割をします。しかし，過剰の水は重合塔で除きます。

Q　抽出塔では，何を抽出するのですか？
A　主に未反応のεカプロラクタムです。

紡　糸　繊維は溶融紡糸法によってつくる。延伸すると配向・結晶化が進み，繊維は丈夫になる。ちなみに，フィルムは溶融押出法，成形品は射出成形法によってつくる。

紡糸法の種類は溶融紡糸，乾式紡糸，湿式紡糸がある。

性　質　表4.6に一覧表示する。

表4.6　3大合繊（フィラメント[*1]）の性質（例）[a]

項目	単位	PA 6	PA 66	PET	PAN
紡糸法	—	溶融	溶融	溶融	湿式／乾式
結晶性	—	結晶性	結晶性	結晶性	非晶性
結晶融点	℃	260	280	280	(318)
ガラス転移点[*2]	℃	40	50	69	105
軟化点	℃	180	230〜235	238〜240	190〜240
引張り強さ[b]	$g \cdot d^{-1,d}$	4.8〜6.4	5.0〜6.5	4.3〜6.0	3.2〜5.0
伸び[b]	%	28〜45	25〜52	20〜32	12〜20
ヤング率（見かけ）	$g \cdot d^{-1}$	20〜45	30〜52	90〜160	38〜85
水分率[c]	%	3.5〜5.0	3.5〜5.0	0.4〜0.5	1.2〜2.0

[*1] フィラメントは連続した長繊維を指す。ステープル（スフ）はカットした短繊維を指す。ステープルは綿や紡績用の原綿として使われる。
[*2] 共に示差走査熱量分析法（DSC法）で評価できる。
[a] 引用文献3および2より抜粋　[b] 乾燥条件の値　[c] 20℃，65% R. H.（相対湿度，relative humidity）での値　[d] d（デニール）：繊度（繊維の太さ）の単位。1dは長さ450 mで質量50 mgのときの繊度。
ここではg＝g重とする。

[*1] 特に断らないかぎり，本章ではポリエチレンテレフタレート（PET）のことを「ポリエステル」と呼ぶ。

（2）ポリエステル／ポリエチレンテレフタレート[*1]（PET）

原　料　PETはエチレングリコールとテレフタル酸ジメチル（DMT法）あるいはテレフタル酸（TA法）とから得られる。

a）エチレングリコール（EG）

エチレングリコールは最も単純な安定グリコールである（メチレングリコールは，ホルムアルデヒドの水溶液中でのみ安定に存在する）。通常，酸化エチレン（エチレンオキシド）の水和反応によって製造する。酸化エチレンはエチレンの直接酸化法によって製造する。

$$CH_2=CH_2 + 1/2 O_2 \xrightarrow[\sim 300℃/1\sim 2\,MPa]{Ag\,触媒} \underset{O}{CH_2-CH_2}$$

酸化エチレンの水和反応は次の通りである。通常はプロトン酸触媒を用いて50〜70℃で反応をする。S_N1型反応の典型例である。ちなみに，塩基性ではS_N2型反応をする。例えばアルコキシドなどの求核試薬とはS_N2型反応をする。

$$\underset{O}{CH_2-CH_2} + H_2O \xrightarrow{H^+} HOCH_2CH_2OH$$

エチレングリコールは沸点197.2℃，融点$-13℃$，水と混じりやすい液体である。そして，ポリエステルの原料だけでなく，自動車の不凍液としても大量に使われている。

b) **テレフタル酸ジメチル（DMT）**

テレフタル酸は p-キシレンを酸化すると得られるはずである。ところが，特別な工夫をしないかぎり，p-メチル安息香酸の段階で反応が止まってしまう。それを回避する工夫の１つとして，p-メチル安息香酸をエステル化してから残りのメチル基を酸化する二段酸化法がいち早く確立された。当初，p-キシレンの一段酸化触媒もいろいろ検討されていた。その後，Co，Mn の酢酸塩に共触媒を組み合わせる方法が開発され，高純度テレフタル酸の一段酸化法へと発展していった。

二段酸化法では酸化反応とエステル化反応をそれぞれ２回ずつ行わなければならない。しかし，最近ではそれぞれの工程に１回ずつ通すだけで済むスマートな循環プロセスが実施されている（図 4.10）。

こうして得られるテレフタル酸ジメチルは，融点 140.6℃，沸点 288℃，無色の結晶である。

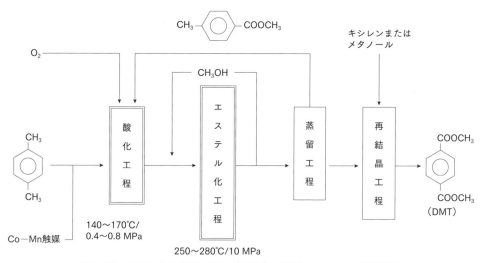

図 4.10　テレフタル酸ジメチル（DMT）の製造ルート（二段酸化法）

c) **テレフタル酸（TA）**

繊維グレード（高純度）のテレフタル酸は，テレフタル酸ジメチルを加水分解すると得られる。現在でもこの技術は使われている。

重合　酸成分としてテレフタル酸ジメチル（DMT）を用いる製造法と，テレフタル酸（TPA）を用いる製造法がある。共に重縮合法-溶融重合プロセスである。これらはビスヒドロキシエチルテレフタレート（BHET）を経由して，二段反応・一工程あるいは二段反応・二工程からなる製造法である。ここでは，先行した DMT 法を紹介する。

$$n\text{CH}_3\text{OC}-\underset{\text{O}}{\bigcirc}-\text{COCH}_3 + 2n\text{HOCH}_2\text{CH}_2\text{OH} \xrightleftharpoons[160〜220℃]{-2n\text{CH}_3\text{OH}} n\text{HOCH}_2\text{CH}_2\text{OC}-\underset{\text{O}}{\bigcirc}-\text{COCH}_2\text{CH}_2\text{OH}$$

　　DMT　　　　　　　EG　　　　　＜エステル交換反応＞　　　　　　　　　BHET

$$\xrightleftharpoons[260〜290℃]{-n\text{HOCH}_2\text{CH}_2\text{OH}} \{\text{OCH}_2\text{CH}_2\text{OC}-\underset{\text{O}}{\bigcirc}-\underset{\text{O}}{\text{C}}\}_n$$

　　＜重合反応＞　　　　　PET

エステル交換反応には触媒として Zn，Mn，Co などの酢酸塩が，重合反応には酸化アンチモンが使われる。いずれの反応も可逆反応であるので，副生物を徹底的に系外に留去しないと高分子量にならない。しかし重合が進行するにつれて反応槽内の粘度が上昇するので，強力な撹拌が必要になる。当初は苦労あった。なお，五大汎用エンプラの1つのポリブチレンテレフタレート（PBT）も同様の方法で製造する。

Q 粘度が上がり過ぎるようなら，スチレンの塊状重合の場合と同じように，モノマーを残せば良いではないですか？

A そうは行きません。スチレンの重合反応は連鎖反応機構[†1]で進みますが，ポリエステルの生成反応は逐次反応機構[†2]で進みます。この場合には，反応系に存在するすべてのモノマー（BHET）分子が相次いで重合反応に関与し，生成した低分子量ポリマーどうしがさらに逐次的に縮合して，次第に高分子量ポリマーになって行きます。そのために，ごく初期段階を除いて系にモノマーは存在しません。

Q なぜ DMT 法が TA 法に先行したのですか？

A TA の製造技術の確立が遅れたからです。最近では TA 法が主流になっています。

Q なぜエチレングリコールを過剰に加えるのですか？

A この反応は可逆反応です。したがって，副生するメタノールを除かないかぎり，定量的に反応は進みません。しかしメタノールを留去しながらエステル交換を進めると，エチレングリコール（沸点 197℃）も同時に蒸発します。そのためにあらかじめグリコール成分を過剰に加えます。過剰のグリコール成分は重合過程で減圧留去します。そうすれば正確にモル比が調節できます。

[†1] いくつかの反応が連続して起こり，生成物の1つが再び反応物質（原料）の1つとして関与し，繰り返し生成・消滅しながら進行する反応をいう。核分裂，ビニル重合，油脂の自動酸化が代表例である。

[†2] 反応の結果として新たに出現した生成物が，同一の活性点での反応の反応物質にならず，そのつど反応が完結する反応。エステル化反応，加水分解反応をはじめ大多数の反応が該当する。

(a) スーツ

(b) 溶融紡糸筒

(c) 帆布

写真 4.3　ポリエステル繊維（帝人（株）提供）

紡　糸　繊維は溶融紡糸法で賦形する。ちなみにフィルムは溶融押出法，ボトルはブロー成形法で賦形し，成形物は射出成形法で賦形する。溶融紡糸では，1つの紡糸口金[*1]から100本を越えるフィラメント（単糸）を数千m/分の猛スピードで押し出し，冷却・延伸する（写真4.3（b））。延伸するとポリマー分子は配向し，結晶化が進む。その結果，繊維は細くて丈夫になる。以前は，ポリマーをいったんペレット化してから，再溶融・紡糸した。最近では重合槽から送られてきた溶融ポリマーをそのまま紡糸するようになっている。

*1　じょうろやシャワーの蓮口状のもの。

(3) アクリロニトリル（PAN）

ポリアクリロニトリル繊維（アクリル繊維）[*2]は3大合繊の1つで，この古典的な製造法（図4.11）では，酸化エチレン，アセチレン，またはアセトアルデヒドを出発原料に用いる。いずれも副原料に猛毒のシアン化水素を用いる。

*2　アクリル繊維はポリアクリロニトリル繊維を指し，アクリルガラスはポリメタクリル酸メチルのシートを指す。また，区別が曖昧で意味が交錯している状況も多々あるが，アクリル樹脂は粘着剤等に使われるポリアクリル酸エステル，ポリメチルメタクリ酸エステルはメタクリル樹脂と使い分けされている。

$$\begin{array}{ccc}
CH_2-CH_2 & CH\equiv CH & CH_3CHO \\
\diagdown O \diagup & & \\
\downarrow HCN & \downarrow HCN & \downarrow HCN \\
HOCH_2CH_2CN & & CH_3CHCN \\
& & \quad\; OH \\
-H_2O \searrow & \downarrow & \swarrow -H_2O \\
& CH_2=CHCN &
\end{array}$$

図 4.11　古典的なアクリロニトリルの製造プロセス

これらのプロセスは，1957年ころからプロピレンのアンモ酸化に基づくソハイオ法[*3]に徐々に置き換わっていった。次にその反応を示す。

*3　Standard Oil of Ohio（米）に由来する。

$$CH_2=CHCH_3 + NH_3 + 3/2 O_2 \xrightarrow[450°C/0.15\,MPa]{Bi_2O_3\cdot MoO_3} CH_2=CHCN + 3H_2O$$

*1 窒素と水素から得られる（ハーバー法）

*2 代表例

, $(CH_3)_2SO$ (DMSO)

この方法では安価なプロピレンとアンモニア[*1]が使える。反応は，例えば $Bi_2O_3 \cdot MoO_3$ 系触媒の存在下，450℃/0.15 MPa の条件で行う。

重合 ポリアクリロニトリルは，N,N–ジメチルホルムアミド（$HCON(CH_3)_2$：DMF），N,N–ジメチルアセトアミド（$CH_3CON(CH_3)_2$：DMAc）などの非プロトン系極性溶媒[*2]中でラジカル重合法–溶液重合プロセスによってつくる。

$$n CH_2=CHCN \xrightarrow{\text{ラジカル開始剤}} \{CH_2-CH\}_n \atop \quad\quad\quad\quad\quad\quad\quad CN$$

紡糸 非プロトン系極性溶媒を用いて湿式紡糸をする。なお，一部ではあるが乾式紡糸も実施されている。

性質 アクリル繊維は，ポリアミド繊維やポリエステル繊維と異なり，非晶性である。しかし，ニトリル基の双極子–双極子相互作用に基づく分子間力が大きいために，延伸・熱固定すれば高配向を維持できる。したがって，ポリアミド繊維やポリエステル繊維に劣らず強靭である。

> **コラム**
>
> 同じポリエステルからつくった繊維でも，作業着とブラウスではずいぶん風合いが異なる。
>
> 必ずしも同じポリエステルではないし，紡糸工程でもいろいろ工夫されていることが大きく関わっている。例えば，①共重合成分を導入する，②異形断面糸（図 4.12）にする，③化学処理によって繊維表面を荒らす（図 4.12（b）右）などがあげられる。
>
> 異形断面糸とは，溶融紡糸用の口金の細孔形状に由来する繊維断面の円ではない形のことです。口金の孔の形状は必ずしも円形とは限りませ

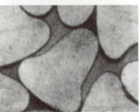

図 4.12 異形断面糸（(a) 引用文献 5 を参考，(b) 上図は引用文献 2 より，下図は帝人（株）提供）

(a) いろいろな形状の口金

(b) 異形断面糸の例

ん。いろいろの形状があります（図4.12 (a)）。このような形状の口金から押し出されたフィラメントを異形断面糸と呼びます（図4.12 (b) に例示）。同じポリエステルからつくった製品でも，風合い，光沢，かさ高性，染色性，汚れ防止性などが異なることがありますが，その秘密の1つは断面形状にあります。2種類の繊維をはり合わせてバイメタル状にすると，ちぢれた繊維が得られます。最近では高度な技術をうまく使うことによって，おおげさに言えば「絹よりも絹らしい繊維」も実現されています。

繊維としての性質として染色性は重要である。ここでは代表的な染料を示しておく。

表4.6　3大合繊に用いられる染料

繊　維	染料のタイプ
ポリエステル	分散，建染め（バット），ナフトール
ポリアミド	酸性，分散，反応性，クロム
アクリル	酸性，塩基性，分散

4-3　フィルム・シート用樹脂

フィルムやシートは，これまでに述べてきた熱可塑性成形樹脂や繊維用樹脂を二次元に広げたものである。もちろん，厳密には繊維，成形物，フィルム・シートに使うポリマーは同じではない。それぞれに合わせて修飾・最適化されている。したがって，ポリマーの製造にいたるまでの解説は対応する前掲の項を参照してください。ここでは，代表的な汎用フィルムと汎用高性能フィルムについて製膜と用途を中心に要点を述べる。なお必要に応じてボトルやトレーも含める。

一般に商品が世の中に大量に受け入れられるには，安くて品質が良いこと，言いかえればコスト・パフォーマンス（費用対効果）が高いことが必要である。

主なコストは次の通りである。
(a) ケミカルコスト：原材料費
(b) プロセスコスト：設備費，労務費，電力費，燃料費，用水費
(c) その他：管理費，特許料（ライセンス料），営業費，研究開発費

しかし，それだけでは十分とはいえない。つまり，社会環境の後押しがあってはじめて大量に受け入れられる。その読みに用途開発の醍醐味がある。読みを誤ると多額の開発費を失うことになる。ここでは，特に社会環境の変遷に伴う用途の盛衰を学んでほしい。

> **コラム　企業における主な技術開発の種類**
> 材料開発，プロセス開発，製品開発，商品開発，用途開発がある。

4-3-1　汎用フィルム用樹脂

汎用フィルムの材料としてポリオレフィン，ポリ塩化ビニル（PVC），ポリスチレン（PS）を取り上げる。そして，それぞれ包装用フィルム，農業用フィルム，食品容器（トレー，使い捨てカップ）に焦点を合わせる。

表 4.7　身近に使われているフィルム

フィルム材料	主用途	備考
ポリオレフィン（PE, PP）	レジ袋，ポリ袋，食品包装	複合フィルムを含む
ポリ塩化ビニル（PVC）	農業用フィルム	展張用，マスキング用
ポリスチレン（PS）	食品包装（トレー，カップ）	発泡製品が主流
ポリエステル（PET）	磁気テープ，フロッピーディスクボトル，飲料缶内張レトルト食品	光ディスク（PC）と競合後者は深絞り缶（耐熱性[b]）高温殺菌（耐熱性）
ポリアミド（PA）	冷蔵・冷凍食品などの包装[a]	バリヤー性，耐寒性
酢酸セルロース（CA）	写真用フィルム	ディジタル写真と競合

[a] ハムやソーセージの包装も含む。[b] PETフィルムを金属円板に重ねて，深絞り成形をするために大きな摩擦熱が発生する。そのために耐熱性が必要である。

（1）ポリオレフィン

ポリオレフィンフィルムからつくった袋は，俗に「ポリ袋」や「レジ袋」と呼ばれ，市中に氾濫している。ポリオレフィンの最大の魅力は，安価で材料選択の自由度が高いことにある。

製膜および性質　ポリオレフィンのうちでも透明性と柔軟性の高い低密度ポリエチレン（LDPE），直鎖状低密度ポリエチレン（LLDPE）およびポリプロピレン（PP）が多く使われている。なお，エチレン―酢酸ビニル共重合体（EVA）なども使われている。これらは溶融押出法で製膜する。Tダイ法もインフレーション法も使われているが，袋物には後者が主に使われている。これらのフィルムは，延伸することで実用に適う丈夫なフィルムになる。

> **コラム　製膜法の種類と製品例**
> 最終製品の用途に合わせ，次のような様々な製膜法が用いられる。
> (a) 溶融押出法：Tダイ法，インフレーション法（袋物），(b) 溶液流延法（キャスティング法）：乾式法，湿式法，(c) その他：カレンダー法，真空成形法（コップ），ブロー成形法

> **コラム**　延伸法の種類
>
> （a）一軸延伸法，（b）同時二軸延伸法，（c）逐次二軸延伸法
> が用いられる。

　食品包装には，ポリオレフィン単体フィルムより複合フィルムが多く使われる。複合化は，ポリオレフィンフィルムの欠点である気体透過性（気体透過度∝気体の溶解度×拡散速度），接着性，印刷特性などを改良する目的で行われる。複合フィルムは金属蒸着フィルム，コーティングフィルム，ラミネートフィルム（積層フィルム），共押出多層フィルム[*1]に大別される。一例としてアルミニウムを蒸着することによる透湿性および気体透過性の改良例を表4.8に示す。いずれも透湿度や酸素透過度が顕著に低下する。つまり，ガスバリア性が著しく向上する。最近は，「食の安全」が叫ばれているので，包装材の低価格化や性能向上への期待は大きい。

[*1] 複数の樹脂を1つのスリットから同時に押出す技術。写真用フィルムには広く使われている。

表4.8　アルミ蒸着フィルムの特性[a]

項　目	単　位	試験法	LDPE	PP	PA	PET
透湿度						
未蒸着	g・m^{-2}・24h^{-1}	JIS Z0208	20	11	300	27
蒸　着	g・m^{-2}・24h^{-1}	JIS Z0208	<1	<2	<10	<1
酸素透過度						
未蒸着	cm^3・m^{-2}・24h^{-1}	—	40,000	860	30〜60	60
蒸　着	cm^3・m^{-2}・24h^{-1}	—	<20	—	—	<10
耐熱性	℃	ASTM D-1637	100	120	130	150
耐寒性	℃	ASTM D-746	−50	0	−60	−60

[a] 引用文献2より抜粋

用　途　前にも述べたように，ポリオレフィンフィルムは材料選択の自由度が高く，安価である強みを生かした広い用途を有する。

（a）袋類：透明・半透明・不透明のゴミ袋やいわゆるレジ袋に使われる。

（b）食品包装用：ガスバリア性，ヒートシール性，印刷特性などを改良することによって，スナック菓子からおにぎりやギョーザにいたるあらゆる食品包装に使われている。また，発泡シートも開発され，ポリスチレン発泡シートの市場に食い込んでいる。なお，食品ではないが，タバコケースのオーバーラップにも使われている。

> **Q** 透湿性やガスバリア性はそんなに大切なのですか？
>
> **A** 大切です。さもないとクッキーや煎餅（せんべい）が湿気ってしまいます。
> またインスタントラーメンやポテトチップも油焼けしてしまいます。

(2) ポリ塩化ビニル（PVC）

ポリ塩化ビニルは，安価であるばかりでなく，可塑剤を併用することによって軟質製品から硬質製品に至るまで自由に材料設計できる。前者はフィルム，シート，合成皮革などに使われ，後者はプラスチックス製品に使われる。フィルムは俗に「ビニール袋」とも言われる袋類や，「農ビ」と呼ばれる農業用フィルムに使われている。またシートはピクニックシートや防水シートとして使われている。ここでは社会環境の変化に伴って発展した農業用フィルムを中心に述べる。

製 膜 農業用フィルムはポリオレフィンの項で述べた溶融押出法でつくる。

用 途 最近はトラック輸送が盛んになり，都市近郊だけでなく地方からも野菜，果物，花などが運べるようになった。この社会環境の変化が農業用フィルムの発展を促した。現在，農業用フィルムの 95% は園芸蔬菜用に使われている。特に展張用フィルムおよびマスキング用フィルムへの適用がほとんどである。前者はカマボコ型の簡易ハウスを覆う透明フィルムである。後者は直接に土壌を覆い，雑草の発芽防止や凍結防止の目的で使われる。

リサイクル 農業用フィルムは短期間でゴミとして廃棄される宿命にある。そのうえ塩ビフィルムは焼却炉を傷めるために目のかたきにされている。このような事情から塩ビ離れが進んでいることも否定できない。最近では環境対策の一環として塩ビのリサイクル化が進んでいる。農業用フィルムのリサイクル率は，2004 年にはすでに 50% を超えている。

(3) ポリスチレン（PS）

ポリスチレンはフィルムとしてよりシート（1 つの泡のサイズが 150～200 μm 以上のもの）として活用されている。特に厚手の発泡体シート（PSP）が好んで使われている。ここではその主用途である使い捨てトレー（皿）やコップ状の容器について述べる。

賦 形 トレーやコップは真空成形法で賦形する。これは，冷やした金型の上方ごく近くにフィルムやシートを配して，加熱・軟化させながら金型を押しつけると同時に型に吸い付ける方法である。金型には雌型と雄型があり，雌型はトレーやパック製品などの浅絞り

写真 4.4　生鮮食品用トレー（発泡ポリスチレン）

成形に向き，雄型はコップなどの深絞り成形に向く。

性　質　ポリスチレンは高い T_g（＝100℃）および剛性を示す。しかも，発泡シートを用いると高い断熱性が得られる。

用　途　主な用途をあげる。

（a）トレー（写真 4.4）：スーパーマーケット（ショップ）・コンビニの肉，魚などの生鮮食品コーナーやお総菜コーナーなどで見かける保冷食品の包装に使われている。特に発泡製品が多い。さしみ皿，寿司皿やいわゆる「コンビニ弁当」の受け皿がそれである。しかし，最近ではポリオレフィンもその分野に食いこんでいる。

（b）使い捨てコップ：発泡ポリスチレン製コップは，熱い物を入れても，冷たい物を入れても素手で持てるので，使い捨てコップに使われている。しかし，最近では発泡ポリスチレン製コップは紙コップに押され気味である。

（c）その他：透明な耐衝撃性ポリスチレン（HIPS）の用途開発がなされ，冷菓容器やボトルを覆うシュリンクフィルムやオーバーラップフィルム分野で伸びている。

4-3-2　汎用高性能フィルム用樹脂

汎用高性能フィルムとして，ポリエステル（PET）フィルム，ポリアミド（PA）フィルムおよび酢酸セルロース（CA）フイルムを取り上げる。特に用途開発の変遷に焦点を当てる。

（1）ポリエステル／ポリエチレンテレフタレート（PET）

前に述べたように，商品の盛衰は社会環境に敏感である。その意味から，ポリエステルフィルムやPETボトルは時代の申し子と言っても言いすぎでない。

製　膜　ポリエステルフィルムとPETボトルは異なる技術で賦形する。

（a）通常のフィルム：通常Tダイ法—二軸延伸法が主に使われる。

（b）ボトル：ブロー成形法によって賦形する。これは，溶融押出機のノズル（ダイ）から吐出した厚手のチューブ（パリソン）を金型内に導いて，先端を封じきると同時に反対側から膨らませる方法である。

用 途 ここでは情報記録用フィルムとボトルを取り上げて，それらの盛衰について述べる。なお，食品包装用フィルムについても触れる。本来ならPETボトルはプラスチックス製品に分類すべきかもしれない。しかし，薄いのであえてシートに分類してフィルムと比較する。

(a) 情報記録用フィルム関連：日本ではポリエステル繊維は昭和34年（1959年）に生産を開始し，フィルムは遅れて昭和38年（1963年）ころに生産を開始した。しかし，当初はX線写真用フィルムやコンデンサー用フィルムとして細々と使われるに過ぎなかった。

ところが1970年代になって，オーディオ用磁気テープ（いわゆるカセットテープ，写真4.5）が上市され，爆発的に需要が伸びた。その後，パソコン（パーソナルコンピュータ）が伸び始めて，記録保存用のフロッピーディスクへと発展していった。

しかしその牙城もややがてはポリカーボネート製の光ディスクに奪われる運命にあった。このように，製品が生まれてから，その使命を全うするまでの期間を「製品寿命（ライフサイクル）」と呼ぶ。製品寿命は時代とともに短くなる傾向にある。

写真4.5 磁気テープ（PETフィルム）（帝人（株） 提供）

Q 磁気テープには，なぜポリアミドフィルムでなく，PETフィルムが使われたのですか？

A 理由の1つは腰の強さの差にあります。つまり，二軸延伸PETフィルムの初期弾性率は$430\,\mathrm{kg\cdot mm^{-2}}$であるのに対して，ポリアミド6フィルムの初期弾性率は$140～160\,\mathrm{kg\cdot mm^{-2}}$に過ぎません。したがって，前者は薄くしても巻き取り不良が起こらず，より多くの情報をカセット1個に詰め込むことができます。もう1つの理由は水分率の差にあります。つまり，ポリアミドは水分率が高く，フィルムの寸法安定性に不安が残ります。

このように，あらゆる角度から総合的に評価した上で材料選択をしなければなりません。これが商品開発の難しさであり，醍醐味でもあります。

(b) ボトル関連：プラスチックスが生まれて，ガラスびんに代わってプラスチックボトルが出回るようになった。当初は，高価なPETボトルではなく安価な塩ビのボトルが主流であった。

しかし，1980年頃に可塑剤の溶出が社会問題となって，醤油やソー

スなどの食品用ボトルには使えなくなった。それに代わって可塑剤を使わないPETボトル（写真4.6）が主流となった。その後，PETボトルはコーラやジュースなどの飲料用分野にも浸透していった。そして1990年代になって，飲料水がスーパーや自動販売機で買い求められるようになり，需要がますます伸びている。ところが，PETボトルに入った飲料水は輸送に大量の石油エネエルギーを消費する。その意味から，ニューヨークでは水道水が見直されているとか。まさに，「エコ社会」の到来というべきか。

写真4.6　PETボトル（ポリエステル）（帝人(株)提供）

（c）食品包装用フィルム：食品包装用PETフィルム（厚み12μmが主流）は，ボトルほどは目立たないが，レトルト食品の包装に広く使われている。レトルト食品はアルミ積層プラ袋などで密封した高温殺菌食品で，米国で発達して，その後日本に持ち込まれた。この食品は包装工程で高温殺菌し，電子レンジで温めて食べる。そのために，包装材には耐熱性が要求される。これがPETの性質にマッチしている。

なお酸素バリア性が必要な場合には，塩化ビニリデン（共）重合体などを積層した複合フィルムが使われる。

リサイクル　PETボトルのリサイクル化は進んでいる。ポリエステルは加水分解しやすいので，ケミカルリサイクル（再資源化）が可能である。

> **コラム**　結晶性ポリマーのフィルム
>
> 　結晶性プラスチックスは通常不透明ですがX線フィルム，PETボトル，コンビニ弁当の透明パックは，結晶性のポリエステル樹脂から得られるにもかかわらず透明です。これは，フィルムやPETボトルは成形品に比べてはるかに薄いことに由来します。そのため，賦形工程で結晶が十分に成長しないうちに冷えてしまいます。したがって，結晶径（散乱体の体積に対応）は可視光の波長よりはるかに短い。そうすると，可視光はほとんど散乱しなくなります（レイリーの散乱式）。
>
> 　　レイリー散乱強度 $\propto V\rho/\lambda^4$
> 　（V：散乱体の体積　　ρ：散乱体の体積分率　　λ：波長）

（2）ポリアミド（PA）

ポリアミドはポリエチレンとの複合フィルムとして主に使われている。

もちろん単体フィルムとしても使える。ここでは著者の経験を含めて用途の変遷を紹介する。

製膜　Tダイ法やインフレーション法などの溶融押出法が使われている。この製膜にはポリアミド6が向く。

用途　著者が留学した1970年代には，米国ではガスオーブンによる調理が盛んであり，高温で長時間オーブン加熱する機会が多かった。そこでは，加熱中に食品が乾燥しないように耐熱ラップが使われ，ポリアミドフィルムがうってつけであった。しかし，当時日本ではオーブン調理の文化はそれ程浸透していなかった。

日本の家庭での調理はオーブンの時代を飛び越えて，電子レンジの時代を迎えるに至った。その定着ぶりは，「チンする」という俗語が市民権を得たことからもうかがえる。それに呼応するかのように，ハム，ウィンナーソーセージ，グリーンピースなどのパック食品，冷蔵・冷凍（加工）食品が豊富に品ぞろえされるようになった。一方，消費者は，これらを冷蔵庫・冷凍庫に買い置きをするようになった。

いうまでもなく，これらの包装材にはガスバリア性に加えて耐熱性・耐寒性が要求され，ポリアミドフィルムが好んで使われるようになった。耐熱性は熱処理工程に耐える必要からである。一方，耐寒性は冷蔵・冷凍保存に耐える必要があるからである。実際には，ポリアミドは高価なために，安価で防湿性の高いポリオレフィンフィルムに積層して使われることが多い。

(3)　酢酸セルロース（CA）

酢酸セルロースフィルムは銀塩写真のベースフィルムとして，長い間その王座を保ってきた。しかしデジタル写真が登場してから事情は一変した。これは，社会環境の変化が商品の盛衰を決定した典型例である。その点に注目してほしい。

製膜　酢酸セルロース（三酢酸セルロース）の塩化メチレン溶液からキャスティング法（乾式）で製膜をする。

用途　酢酸セルロースが銀塩写真用フィルム（写真4.7）として使われてきた理由の1つは，銀塩媒体であるゼラチンとの

写真4.7　銀塩写真フィルム（酢酸セルロース）

なじみが良いためである。もう1つは，フィルムの巻き癖とパンチ孔の切れ味が良いためである。一時はポリエチレンナフタレートフィルムも検討されたが，「これらの点では苦労した」と聞いている。それもつかの間，銀塩写真はデジタル写真に牙城(がじょう)まで明け渡す結果となった。

4-4 エラストマー用樹脂

4-4-1 合成ゴム用樹脂

材料としての天然ゴムは，ゴムの木からしみ出る樹液を酸析して集めた生ゴム（ポリイソプレン）を加硫してつくる。この生ゴムを人工的に作ったものが合成ゴムである。代表的な合成ゴムであるジエン系合成ゴムを例にあげて説明する。

（1）ブタジエンゴム（BR）

ブタジエンゴムは代表的なジエン系合成ゴムの1つである。

原　料　ブタジエンは，沸点-4.4℃の特異臭がする気体である。昔はアセトアルデヒドから製造した[*1]。現在では主としてナフサ分解で得られる C_4 留分から分離する。

重　合　通常ブタジエンを配位アニオン重合法またはアニオン重合法によって重合する。前者は高1,4-シス構造を，後者は低1,4-シス構造を与える。いずれも溶液重合プロセスによって製造する。

なぜポリブタジエンは，1,2-結合でなく，主として1,4-結合からなるのだろうか。アニオン重合法で得た重合体について考えてみよう。次に示すように，成長末端の電子密度は，アリル共鳴のために2位および4位が高く，そのうち立体障害の小さい4位からの成長が優先するので，ポリブタジエンは主として1,4-結合からなると説明できる。なおトランス1,4-結合よりシス1,4-結合が優先するのは，対イオンとの相互作用のためである。

[*1] アセトアルデヒドのアルドール反応を利用して得られる。しかし，工程が長いために，その製造法の重要度は低下している。

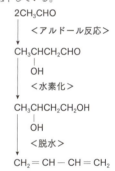

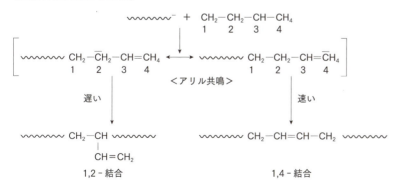

成　形　ブタジエンゴムを含むジエン系ゴムはいずれも加硫（硫黄架橋）を必要とする。通常は生ゴムを素練(すね)りし，硫黄粉を混

ぜてバンバリーミキサーで混練してから圧縮成形をする。素練りの工程では分子鎖を引きちぎって分子量を整える。架橋反応は混練り工程で始まり，成形工程で完了する。圧縮成形は，必要に応じてカーボンブラックを混ぜて行う。

　カーボンブラックはジエン系ゴムの最高の強化剤（充填剤の一種）であり，タイヤが黒いのはそのためである。ある意味で合成ゴムの進歩は，加硫とカーボンブラックの寄与によると言っても言いすぎでない。しかし，硫黄とカーボンブラックを生ゴムと均一に混練する工程は，作業員泣かせであることも事実である。

　自動車のタイヤなどの高性能分野で使われる（写真4.8）。ゴム製品は一種の熱硬化性樹脂から成るのでリサイクルが難しい。日本でのタイヤの再使用率（再利用率の一種）は欧米に比べて著しく低い。このような事情から，タイヤのトレッド部分を貼り替えたり，溝を切り直したりするリトレッド技術が開発されている。そうすれば，廃棄する前に数回も再使用できると言われている。

　自動車のタイヤは，ゴムだけでできているのではなく，カーボンで強化されていて，それ以外にタイヤコード（目の粗い織物）でがっちりと強化されている。タイヤの裏側や切り口で見ることができる。
タイヤコードには強度・耐熱性が要求されるので，レーヨン，ナイロン，ポリエステル繊維，アラミド繊維（全芳香族ポリアミド繊維），スチール繊維などからつくる。タイヤコードは工業用繊維（工繊）の上得意で，タイヤコードの開発にあたって重要なポイントは，ゴムとの接着にある。

写真4.8　自動車のタイヤ（合成ゴム）

(2)　その他のジエン系ゴム

　現在市販されている代表的なジエン系ゴムを中心にその構造と重合法を例示する。例示する共重合体はいずれもランダム共重合体である。

汎用ゴム

$+CH_2CH=CHCH_2+_n$
ブタジエンゴム（BR）：
配位アニオン重合法，アニオン重合法

$[-CH_2CH=C(CH_3)CH_2-]_n$
イソプレンゴム（IR）：配位アニオン重合法

$+CH_2-CH+_m \sim +CH_2CH=CHCH_2+_n$

スチレン–ブタジエンゴム（SBR）：ラジカル重合法–乳化重合プロセス
配位アニオン重合法

$+CH_2C(CH_3)_2+_m \sim +CH_2CH=C(CH_3)CH_2+_n$
ブチルゴム（IIR）：液相低温カチオン重合法

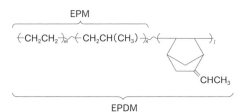
エチレン–プロピレンゴム（EPM，EPDM）：配位アニオン重合法

特殊ゴム

$+CH_2C=CHCH_2+_m \sim +CH_2-CH+_n$
　　　　　　　　　　　　|
　　　　　　　　　　　　CN
ニトリルゴム（NBR）ラジカル重合法–乳化重合プロセス
（特徴：耐油性，耐寒性）

$+CH_2CH=CCH_2+_n$
　　　　　　|
　　　　　　Cl
クロロプレンゴム（CR）：ラジカル重合法–乳化重合プロセス（特徴：耐候性，オゾン性，耐油性，耐寒性）

　その他，合成ゴムにはフッ素ゴム，シリコーンゴムも特殊ゴムに含まれるが，本書では省略する。

4-4-2　熱可塑性エラストマー用樹脂

（1）スチレン–ブタジエンブロック共重合体

　一般に熱可塑性エラストマーは，ゴム相（柔軟相）を形成するソフトセグメントと拘束相を形成するハードセグメントから成る。スチレン–ブタジエンブロック共重合体についてはブタジエン重合体ブロック（B）が前者に対応し，スチレン重合体ブロック（S）が後者に対応し，ポリマーアロイを形成している

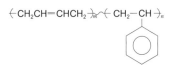

ソフトセグメント　　ハードセグメント

　市販されている共重合体は，SBS型構成が基本である。その他，改良型（ラジアルテレブロック，マルチブロック，バイモダルブロック，テーパーブロック）も製造されている。組成により軟質から硬質に至る

幅広い材料設計が可能である。

架橋 熱可塑性エラストマーは，使用温度（常温）では三次元網目構造に基づくゴム弾性を示し，成形温度（高温，150～230℃）では熱運動に基づく可塑性・流動性を示すことを特徴とする（図 4.11）。網目構造形成は共有結合力でなく，分子間力に基づく。ここで述べるスチレン-ブタジエンブロック共重合体では，ベンゼン環の分散力が有効に働いて，ガラス相（拘束相）を形成する。

重合 スチレン-ブタジエンブロック共重合体はリビングアニオン重合法によってつくる。なお，ランダム共重合体は主として乳化重合法によってつくる。スチレン-ブタジエンの製造に使われるアニオン重合では，開始反応が成長反応よりはるかに速い。そのために，開始反応は一斉に起こり，その後どの分子鎖もほぼ同じ速度で成長する。その結果，分子量のそろったポリマー[*1]が得られる。また，プロトンなどの停止剤を加えない限り，末端アニオンは反応活性を維持している（リビングアニオン）。したがって，最初のモノマーがなくなってから別のモノマーを加えると，分子量のそろったブロック共重合体が得られる。

成形 射出成形法，押出成形法，カレンダー加工法[*2]などの通常の熱可塑性樹脂の成形法により容易に成形できる。作業員泣かせの加硫は不要である。一般に加硫ゴムの成形サイクルは10分以上であるのに対して，熱可塑性エラストマーの成形サイクルは数分以下である。

*1 分散度＝重量平均分子量／数平均分子量（M_w/M_n）〜1

*2 片面を鏡面仕上げ，または皺（しぼ）仕上げした1対のロール間に，フィルムやシートを通して加熱する方法。壁紙がその典型例。

参考書・引用文献

1) 村橋俊介，小田良平，井本　稔編，『改訂新版　プラスチックハンドブック』，朝倉書店（1978）.
2) 高分子学会編，『高分子データ・ハンドブック』，培風館（1985）.
3) D. W. Van Krevelen, "Properties of Polymers," Elsevier (1997).
4) プラスチック・機能性高分子材料事典編集委員会，『プラスチック・機能性高分子材料事典』，産業調査会（2004）.
5) 繊維学会編，『化学増刊 50―繊維の形成と構造の発現（III）』，化学同人（1971）.

また，執筆に際し，以下の成書を参考にした。

1) 長倉三郎，井口洋夫，江沢　洋，岩村　秀，佐藤文隆，久保亮五編，『岩波理化学辞典―第5版』，岩波書店（1998）.
2) K. Weissermel, H. -J. Apre（向山光昭監訳），『工業有機化学』，東京化学同人（1996）.
3) 緒方郁映，『有機化学 II―石油化学』，講談社（1972）.
4) 『13700の化学商品』，化学工業日報社（2000）.

5) 吉田泰彦，萩原時男，竹市　力，手塚育志，米澤宣行，長崎幸夫，石井　茂，『高分子材料化学』，三共出版 (2004)．
6) 今井淑夫，岩田　薫（日本化学会編），『高分子構造材料の化学―先端材料のための新化学』，朝倉書店 (1998)．
7) 高分子学会高分子辞典編集委員会編，『新版高分子辞典』，朝倉書店 (1988)．
8) 中島章夫，田所宏行，鶴田禎二，結城平明，大津隆行共編，『化学増刊 8―高分子の物性』，化学同人 (1962)．
9) F. W. Billmeyer, Jr., "Textbook of Polymer Chemistry," Interscience Publishers, Inc., New York (1957).
10) プラスチックフィルム研究会編，『プラスチックフィルム―加工と応用』，技報堂 (1978)．

5 汎用硬化型高分子材料

　熱硬化性樹脂は加熱などにより橋かけ（架橋）して，不溶・不融の硬化物に変化する樹脂である。その硬化にはいろいろな手法がとられる。本項では代表的な汎用熱硬化性樹脂であるフェノール樹脂，エポキシ樹脂，不飽和ポリエステル樹脂，ポリウレタン樹脂を取り上げる。硬化反応は，それぞれ求電子置換反応，脱水縮合反応［付加縮合反応］，開環（重合）反応，ラジカル重合反応，重付加反応に基づく。その相違に注目する。

5-1 フェノール樹脂

フェノール樹脂は，1907年にベークランド（独）によって発明され，ベークライトの名称で親しまれている古典的な熱硬化性樹脂である。しかし，その需要は今だに衰えていない。息の長い樹脂の代表である。

原料　フェノール樹脂は，フェノールとホルマリンからつくる。

(a) フェノール

フェノールは融点 40.9℃，沸点 181.8℃ の腐食性の酸性固体物質である。その製造には，ベンゼンスルホン酸を経由する古典的なプロセス

$$C_6H_6 \longrightarrow C_6H_5\text{-}SO_3H \longrightarrow C_6H_5\text{-}OH$$

（次式）以外に，多くのプロセスが開発・実施されている。現在では，次に述べるクメン法が主流である。この方法は，ナフサ分解で得られるベンゼンとプロピレンを出発原料とする。まずフリーデル―クラフツアルキル化反応によってイソプロピルベンゼン（クメン）にし，引き続き空気酸化をしてフェノールとアセトンに誘導する。

$$C_6H_6 + CH_3CH=CH_2 \xrightarrow[200℃/\sim 2\,\text{MPa}]{H_3PO_4 \text{ または } AlCl_3} C_6H_5\text{-}CH(CH_3)_2 \quad (\text{クメン})$$

$$\xrightarrow[130℃]{O_2} C_6H_5\text{-}C(CH_3)_2\text{-OOH} \xrightarrow[60℃]{H^+} C_6H_5\text{-}OH + (CH_3)_2C=O$$

クメンヒドロペルオキシド

最初の反応は有機化学の教科書にも載っている代表的な芳香族求電子置換反応である。触媒には H_3PO_4（プロトン酸）あるいは $AlCl_3$（ルイス酸）が使われる。その後の反応は爆発性のクメンヒドロペルオキシドを経由する。

(b) ホルマリン

ホルマリンはホルムアルデヒドの 35～55％ 水溶液（メタノール，塩酸を含む）である。水溶液中ではほとんどが水和物（$H\text{-}(OCH_2)_n\text{-}OH$, $n<10$）として存在する。ホルマリンは主としてメタノールの酸化反応により製造する。

$$CH_3OH + 1/2\,O_2 \xrightarrow[250\sim 450℃]{FeO_3\cdot MoO_3} HCHO + H_2O$$

重合　フェノール樹脂には，ノボラック樹脂とレゾール樹脂の2種類がある。それぞれ異なる条件で製造される。その素反応は次に示す付加反応と縮合反応の2つである。2つを合わせて付加縮合反応と呼ぶ。

$$\text{C}_6\text{H}_5\text{OH} + \text{CH}_2\text{O} \longrightarrow \text{HOC}_6\text{H}_4\text{-CH}_2\text{OH} \quad \text{(付加反応)}$$

$$\text{HOC}_6\text{H}_4\text{-CH}_2\text{OH} + \text{C}_6\text{H}_5\text{OH} \longrightarrow \text{HOC}_6\text{H}_4\text{-CH}_2\text{-C}_6\text{H}_4\text{OH} + \text{H}_2\text{O} \quad \text{(縮合反応)}$$

（注：置換位置は指定していない。）

両反応とも求電子機構に基づく。したがって，反応は o-, p-位で起こる。

(a) ノボラック

ノボラックはフェノールとホルマリンを塩酸酸性下，約 140℃ で反応させると得られる。この条件下では，付加反応より縮合反応が速い。そのために，次に示すように線状オリゴマー（低分子量重合体）から主として成る固体樹脂が得られる。

$$(n+1)\,\text{C}_6\text{H}_5\text{OH} + n\text{CH}_2\text{O} \xrightarrow{\sim 140℃} \text{HO-C}_6\text{H}_4\text{-CH}_2\text{-C}_6\text{H}_3(\text{OH})\text{-CH}_2\text{-}\cdots\text{-CH}_2\text{-C}_6\text{H}_4\text{-OH}$$

ノボラック ($n<10$)

(b) レゾール

レゾールはフェノールとホルマリンをアンモニア水中，約 100℃ で反応させると得られる。この条件下では，ノボラックとは逆に，縮合反応より付加反応が速い。そのために，次に示すようにメチロール基を複数個含む化合物から主として成る粘ちょうな樹脂溶液が得られる。ただし，この条件では縮合反応もいくらかは起こる。

$$\text{C}_6\text{H}_5\text{OH} + m\text{CH}_2\text{O} \xrightarrow{\sim 100℃} \text{HO-C}_6\text{H}_{5-m}(\text{CH}_2\text{OH})_m$$

レゾール ($m<3$; o, p)

> **コラム** 反応機構は酸性と塩基性で違う
>
> 酸性では，ホルムアルデヒドに由来するカルボニウムイオンが，フェノールの o-, p-位を求電子攻撃します。それに対して塩基性では，ホルムアルデヒドの炭素原子が，o-, p-位に生じたカルバニオンを求電子攻撃します。
>
> 酸性条件　　　　塩基性条件

成形 ノボラックは塩基性のヘキサメチレンテトラミン（ヘキサミン，右式）を加えて加熱・硬化する。ヘキサミンは，硬化剤（架橋剤）と硬化促進剤の役割をする。硬化反応は複雑である。主反応は次の通り。

ヘキサミン

$$\text{(フェノール)} + 1/6(CH_2)_6N_4 + \text{(フェノール)} \longrightarrow \text{(フェノール-CH}_2\text{-フェノール)} + 4/6 NH_3$$
　　　　　　　　ヘキサミン

ノボラックは通常，木粉や繊維くずなどの充填剤（フィラー）をブレンドして圧縮成形や射出成形をする。その結果，褐色・不透明な成形物が得られる。

一方レゾールは，有機カルボン酸などの酸性の促進剤を加えて加熱すると硬化する。硬化剤は加えない。硬化反応は前に述べた縮合反応と同じである。充填剤を湿式ブレンド（樹脂溶液を混ぜること）した後に加熱・乾燥すると，常温では粘着性を失った成形粉が得られる。この段階をBステージと呼ぶ。それを，圧縮成形機や射出成形機にかけるとアメ色の硬い成形物（Cステージ）が得られる。

また積層体の成形は，紙や綿などの不織布（フェルト状の布）やガラス繊維製の織布（織物）にレゾール溶液を含浸して，加熱・乾燥後，加熱・圧縮する。乾燥して粘着性を失ったものをプリプレグと呼ぶ。

このように，レゾールの液状の形状は塗料，接着剤，積層体などの用途に使いやすい特長を与えている。

フェノール樹脂硬化物の主な化学構造式

ノボラックにしてもレゾールにしても，右に示すような三次元網目構造から主として成る硬化物に転化する。

> **コラム　反応条件の入れ替え**
>
> ノボラックもレゾールも，製造工程と硬化工程で異なるpH条件を用いています。
> そこにこの技術のたくみさがあります。同じpH条件では，いずれの場合も橋かけ反応（架橋反応）がうまく行きません。ノボラックとレゾールは製造工程と硬化工程でpH条件を取りかえたものといえます。

用途 安価で充塡剤によって性質が自由に変えられる。その多様性を生かしていろいろな製品設計や商品設計が可能である。ここでは塗料や接着剤を含めて、フェノール樹脂の用途例を紹介する。

(a) ノボラック：工具、なべ・かまの取っ手（写真5.1）、スイッチなどの電気部品、シェルモールドレジン（鋳物の型に使うケイ砂のバインダー）

写真5.1 なべの取っ手（フェノール樹脂）

(b) レゾール（塗料，接着剤も含める）：テレビジョンやOA機器用のプリント基板、ドラム缶用塗料、電線用絶縁ワニス、木材や金属の接着剤、ブレーキシュウ（自動車の制動装置に組み込まれている摺動部品）

> **コラム** 熱硬化性樹脂でも射出成形が可能？シリンダー内が固まってしまわないか？
>
> 熱硬化性樹脂の場合は、シリンダー温度を低く、金型温度を高く保たなければなりませんが、射出成形可能です。フェノール樹脂の場合には、通常はシリンダー温度に約100℃、金型温度には170～190℃が選ばれます。また、シリンダーの隅に樹脂が滞留して固まってしまわないように、その設計には特別の注意を払わなければなりません。
>
> これが金型の冷却を要する熱可塑性樹脂の成形と根本的に違う点です。しかし、圧縮成形よりはるかに生産性が高いために、今日では熱硬化性樹脂でも射出成形が主流になっています。プロセス開発の勝利です。

なお、フェノール樹脂は、残留するホルムアルデヒドの揮発に基づく化学物質過敏症（シックハウス症候群）の問題を抱えている。

関連樹脂 尿素樹脂、メラミン樹脂などのアミノ樹脂があげられる。これらのうちレゾール型樹脂しか役に立たない。なぜなら、アミノ樹脂のうち、ノボラック型樹脂に相当する化合物は不溶・不融だからである。

$$HOCH_2NH-\underset{\underset{O}{\|}}{C}-N(CH_2OH)_2$$

尿素樹脂の例

メラミン樹脂の例

これらの成形物は、日用雑貨品、照明部品、食器（給食用ドンブリや皿）、プラグやコンセントなどに使われる。その他、印鑑、ピアノの鍵

盤にも使われる。なお，メラミン樹脂は傷付きにくい塗膜を与えるので，食卓，システムキッチン，こたつ板などの化粧板にも使われる。これは（模様）紙に樹脂を含浸し，パーティクルボードに加熱・圧着してつくるものである。

5-2 エポキシ樹脂

エポキシ樹脂は代表的な硬化性樹脂の1つであり，接着剤として親しまれている。ここでは全需要量の80％を占めるビスフェノールA型のエポキシ樹脂について述べる。この樹脂は，分子量と硬化剤（架橋剤）を変えることにより，多彩な材料設計が可能である。ここでは，塗料や接着剤についても触れる。

原　料　エポキシ樹脂はエピクロルヒドリンとビスフェノールAから得られる。エピクロルヒドリンは，プロピレンと塩素を出発原料として，塩化アリルを経由して製造する。なお中間体の塩化アリルは，汎用熱硬化性樹脂の1つであるジアリルフタレート樹脂の素原料でもある。

$$CH_2=CHCH_3 \xrightarrow[-HCl]{Cl_2} CH_2=CHCH_2Cl \xrightarrow[-HCl]{HOCl} \underset{O}{CH_2-CHCH_2Cl}$$

　　　　　　　　　　　　　　　塩化アリル　　　　　エピクロルヒドリン

一方，ビスフェノールAは融点150～155℃，沸点220℃/533 Paの白色固体である。この化合物はフェノールとアセトンの縮合反応で製造する。なおこの化合物は，汎用エンプラの代表であるポリカーボネート*の原料でもある。ビスフェノールAは，エポキシ樹脂とポリカーボネートの共通原料であったからこそ，高純度化と低価格化に成功したと言う人もいる。

* 本書ではポリカーボネートの物質名中の「ネ」もポリエチレンテレフタレートと同様に，系統的命名法に従う「ナ」に対して，慣用的に用いられている「ネ」を優先させている。

ビスフェノールAの合成

$$2HO-\bigcirc\!\!\!-H + (CH_3)_2C=O \xrightarrow{酸触媒} HO-\bigcirc\!\!\!-\underset{CH_3}{\overset{CH_3}{C}}-\bigcirc\!\!\!-OH + H_2O$$

重　合　エポキシ樹脂の製造法の1例を次に示す。

$$(n+2)CH_2-CHCH_2Cl + (n+1)HO-\bigcirc\!\!\!-\underset{CH_3}{\overset{CH_3}{C}}-\bigcirc\!\!\!-OH \xrightarrow[100〜150℃]{NaOHaq}$$

$$CH_2-CHCH_2O-\bigcirc\!\!\!-\underset{CH_3}{\overset{CH_3}{C}}-\bigcirc\!\!\!-(OCH_2CHCH_2O-\bigcirc\!\!\!-\underset{CH_3}{\overset{CH_3}{C}}-\bigcirc\!\!\!-)_n OCHCH_2-CH_2$$

($n=0〜10$)

$+ (n+2)NaCl + (n+2)H_2O$

この樹脂はアルカリ水溶液中，温和な条件で得られる。両成分のモル比を変えることによって分子量が制御できる。低分子量樹脂は液体であり，高分子量樹脂は固体である。

硬化 ルイス酸やルイス塩基触媒の存在下では，開環重合を伴って硬化する。しかし多くの場合，アミンや酸無水物などの硬化剤（架橋剤）を併用する。

硬化剤 アミンの例：ジエチレントリアミン，m-フェニレンジアミン，4,4'-ジアミノジフェニルメタン

酸無水物の例：無水フタル酸，テトラヒロド無水フタル酸，無水ピロメリット酸

前者は常温硬化用，後者は高温硬化用である。後者は電気・電子部品に使われる。日曜大工店で売っている接着剤には，アミン系硬化剤が別のチューブに入っており，接着時に二液を等量混ぜて使う。

性質および用途 分子量の大小と硬化剤の種類によって使い分ける。ここでは，ビスフェノールA型エポキシ樹脂以外も含めた用途を紹介する。

a) 接着剤（主な硬化剤：アミン類）
土木・建築関係で広く使用。

b) 塗料（アミン，尿素，レゾールなど）
缶コーティング，自動車のさび止め（下塗り）に大量に使われている。

c) 積層体（レゾール類）：高級プリント基板に使用（写真5.2）。

d) 封止剤（酸無水物）：発電機やモーターの絶縁・固定，半導体の封止に使用。

e) 複合材料：ガラス繊維，炭素繊維，アラミド繊維などで強化した複合材料は，産業分野，先端分野で広く使われている。これからは風力発電用風車の羽根材として「エコ社会」の実現に大きく貢献するであろう。

写真5.2 プリント基板（エポキシ樹脂，フェノール樹脂）

なお，エポキシ樹脂は，残存する原料のビスフェノールAに基づく内分泌撹乱物質（環境ホルモン）の問題を抱えている。

> **コラム** エピクロルヒドリンの高い反応性
>
> ウイリアムソンのエーテル化反応には厳しい条件が必要であるのに，エピクロルヒドリンとフェノール類はこのような温和な条件で反応が進行します。それは，次式に示すように，分子内求核置換反応（S_Ni）を含む二段階反応が起こるからです。
>
> $$R-O^- \quad CH_2-CHCH_2Cl$$
> $$\downarrow <S_N2反応>$$
> $$R-OCH_2CHCH_2-Cl$$
> $$\downarrow <S_Ni反応>$$
> $$R-OCH_2CH-CH_2 + Cl^-$$
>
> ビスフェノールAとエピクロルヒドリンを等モルにして反応すればポリマーになります。このポリマーはフェノキシ樹脂と呼ばれ，船底塗料に使われています。これを使うと貝殻が付着しにくくなります。

> **コラム** ビスフェノールA型エポキシ樹脂の高い接着性能
>
> 水素結合力を有する水酸基と分散力を有するフェニレン基が，柔軟な鎖状高分子骨格とバランス良く結合しているからと考えられます。そのために極性の高い被着体との親和性が高く，強く接着します。
>
> 一方，極性基を含まないポリオレフィンには接着しにくいという特徴も持ち合わせています。この接着性の悪さは逆にポリオレフィンを離型フィルムとして使うということに利用されています。事実ポリオレフィンの接着剤の選定には苦労します。接着剤だけで解決がつかない場合には，被着体表面に凹凸を付けるアンカーコート剤処理やコロナ照射，オゾン処理，電子線照射などの表面処理を施すことが試みられます。
>
> また，金属やガラスにはいずれも極性が高いので問題なく，良好な接着性を示します。プリント基板はガラスクロス積層体に銅箔をはり合わせたものですから，金属やガラスとの接着性の高いエポキシ樹脂はうってつけです。

5-3 不飽和ポリエステル樹脂

不飽和ポリエステル樹脂は，不飽和基を有するポリエステルに，ラジカル重合性を有するスチレンなど[*1]を混ぜた液状樹脂である。スチレンは反応性の高い架橋剤である。見方によっては，この樹脂はアルキド樹脂[*2]の成形性を改良したものといえる。ラジカル重合法を利用しているために，副生物を出さずに低温・短時間で硬化できる。

[*1] その他の例：メタクリル酸メチル，酢酸ビニル，ジアリルフタレート

[*2] ポリオールとポリカルボン酸とからの熱硬化性樹脂。ボタンや塗料に使われる。硬化が遅いのが欠点。

原料 ここでは，代表的な酸成分である無水マレイン酸および無水フタル酸について述べる。グリコール成分についてはポリエステル繊維の項で述べる。

無水マレイン酸は，沸点202℃，融点53.0℃の反応性に富む昇華性白色固体である。ラジカル重合もする。以前はベンゼンの空気酸化によって製造した。現在では炭素利用効率が高い混合ブテンを使う。ブテンはナフサ分解の C_4 留分に含まれている。

$$CH_3CH=CHCH_3,\ CH_2=CHCH_2CH_3\ +\ 3O_2\ \xrightarrow[350\sim450℃]{V_2O_5-H_3PO_4}\ \text{(無水マレイン酸)}\ +\ 3H_2O$$

無水フタル酸は無水マレイン酸と同様の方法で製造する。融点120℃以上の反応性に富む白色粉末である。以前はナフタレンを原料に使ったが，現在では安価で炭素効率の高い o-キシレンを使う。

$$o\text{-キシレン}\ +\ 3O_2\ \xrightarrow[400\sim500℃]{V_2O_5-H_3PO_4}\ \text{(無水フタル酸)}\ +\ 3H_2O$$

なお，無水フタル酸は可塑剤の製造に大量に使われている。

Q 二重結合も酸化されやすいのに，なぜメチル基が優先して酸化されるのですか？

A C=C 二重結合やフェニル基と結合するメチル基やメチレン基は，二重結合やフェニル基に劣らず活性です。この活性は，アクリロニトリル，塩化アリル，テレフタル酸などの製造にも利用されています。

重合 ポリエステル成分（広義のアルキド成分）の製造例を示す。反応はエステル化反応であり，副生する水は系外に留去

$$m\,HOCH_2CH_2OH\ +\ n\,HOCH_2CHOH(CH_3)\ +\ x\,\text{(無水マレイン酸)}\ +\ y\,\text{(無水フタル酸)}$$

$$\xrightarrow{80\sim200℃}\ -(OCH_2CH_2)_m-(OCH_2CH(CH_3))_n-(O-C(O)-CH=CH-C(O))_x-(O-C(O)-C_6H_4-C(O))_y-\ +\ (m+n)\,H_2O$$

$$(m+n=x+y)$$

する。その製造装置を図5.1に示す。装置には蒸留器が付属している点に注意する。

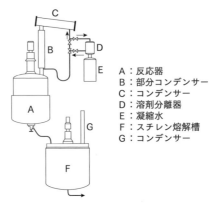

A：反応器
B：部分コンデンサー
C：コンデンサー
D：溶剤分離器
E：凝縮水
F：スチレン熔解槽
G：コンデンサー

図5.1　不飽和ポリエステルの製造装置
（引用文献1より）

硬　化　ポリエステル成分に，例えばスチレンと少量のラジカル重合開始剤を混合して加熱すると，不飽和基を介してスチレンと共重合・架橋する。この不飽和基は内部オレフィンであるにもかかわらずラジカル共重合する。

成　形　低圧成形が可能である。そのために大型成形に向く。次に代表的な成形法であるハンドレイアップ法（手積法），スプレーアップ法，マッチドダイ（MD）法を例示する。

(a)　ハンドレイアップ法（手積法），スプレーアップ法

雄型の木型に樹脂溶液とガラス繊維やガラスクロスを交互に手積みしたり吹き付けたりする。その後，雌型の木型を被せてオーブン中で加熱・硬化する。大型成形品に向く。

(b)　マッチドダイ法（MD法）

ガラス繊維の織物（ガラスクロス）に樹脂を含浸してつくったプリプレグを望みの形に切断する。それを何枚か重ねて加熱下でプレスすると積層体が得られる。中型成形品に向く。場合によっては，シートモールディングコンパウンド（SMC）やバルクモールディングコンパウンド（BMC）を使った成形法も含める。前者はガラス短繊維を樹脂に混ぜてシート状にしたものであり，後者はそれを塊状にしたものである。こうすれば，粘土細工をするように成形できる。いずれも成形作業の便をはかったものである。

性　質　表5.1に不飽和ポリエステルの性質を示す。衝撃強度の欄からもわかるようにそのままでは脆いので，多くの場合はガラス繊維などの繊維で強化する。これを繊維強化プラスチックス（FRP）と呼ぶ。表からも明らかなように，FRPは高弾性率を示す。な

表 5.1　不飽和ポリエステル樹脂成形物の性質 [a]

項　目	単　位	試験法（JIS）	注型板	ガラス繊維積層板
ガラス含有率	%	—	0	30
引張破断点応力	kg・cm^{-2}	K-6919	550〜800	1,100〜1,400
引張破断点伸び	%	K-7113	1.5〜2.0	—
引張弾性率	kg・cm^{-2}	K-6919	—	70,000〜90,000
衝撃強度[b]	kg・cm・cm^{-1}	K-6911	1.5〜3.0	40〜50
荷重たわみ温度	℃	K-7207	65〜120	—

[a] フタル酸系（引用文献 2 より抜粋）　[b] アイゾット衝撃強度（ここで kg＝kg 重）

お組成によっては，耐熱性はある程度高くなる。

用　途　　大型成形品としては，小型漁船，プレジャーボート，浴槽，浄化槽，サイロなどがあげられる。中型成形品としては，プラスチックス製の椅子，サーフボード（写真 5.3），ヘルメットなどが挙げられる。いずれも繊維強化したものである。

写真 5.3　サーフボードなど（不飽和ポリエステル樹脂）（引用文献 3 より）

ガラス繊維で強化した不飽和ポリエステル樹脂は，ソーラーパネル材として，「エコ社会」の実現に大きく貢献するであろう。

リサイクル　　不飽和ポリエステル製の漁船やボートの廃棄が社会問題になっている。

5-4　ポリウレタン樹脂

ポリウレタン樹脂は，多官能イソシアネートと末端に水酸基を有するポリエーテルグリコールやポリエステルグリコールなどとの重付加反応で得られる樹脂である。この樹脂はエラストマーに適した熱硬化性樹脂である。また，発泡体にしやすい樹脂でもある。ここでは合成皮革や塗料にも触れる。

原　料

(a)　イソシアネート成分

代表例は，トリレンジイソシアネート（TDI）と 4,4'-ジフェニルメタンジイソシアネート（MDI）である。一例として，前者の製造法について述べる。

トリレンジイソシアネートは次のようにホスゲン化を含む三工程で製造する。なお，ホスゲン（沸点 8.2℃ の猛毒気体 CO + Cl_2 ⟶ $COCl_2$）は CO の塩素化によって製造する。

トルエン $\xrightarrow[<ニトロ化>]{HNO_3/H_2SO_4}$ 2,4-ジニトロトルエン $\xrightarrow[<還元>]{H_2/Ni 触媒, 100℃/5 MPa}$ 2,4-ジアミノトルエン $\xrightarrow[<ホスゲン化>]{COCl_2, \sim 180℃}$ 2,4-TDI

(2,4-異性体の例)

ニトロ化は教科書の通りである。主として 2,4- および 2,6-ジニトロベンゼンが生成する。ニトロ化合物はラネーニッケル触媒を用いて水素還元する。その後，o-ジクロロベンゼンなどの不活性溶媒中でホスゲン化する。

(b)　グリコール成分

グリコール成分としてはポリエチレングリコール（PEG），ポリプロピレングリコール（PPG），ポリテトラメチレングリコール（PTMG）が，また，両端に水酸基を含む脂肪族ポリエステル低重合体もあげられる。

その他，グリセリン，トリメチロールプロパン [$C_2H_5C(CH_2OH)_3$] などの三官能以上のポリオールも硬化剤として使われる。

PEG と PPG は酸化エチレン，酸化プロピレンのアニオン重合機構の開環重合法によってそれぞれ得られる。また PTMG はテトラヒドロフラン（THF）のカチオン機構の開環重合法によって得られる。いずれも分子量 500〜5,000 の低分子量重合体である。

構　造　　次に示すように，ゴム相を形成するソフトセグメントと拘束相を形成するハードセグメントから主として成る。前者は柔軟性を発現する部分である。後者は水素結合をするので，ゴムの加硫と同様の役割をする。両成分の寄与によってゴム弾性が発現する。ただし，熱硬化性ポリウレタン樹脂には一般に架橋剤を加える。加えないと，後で述べる熱可塑性エラストマーになる。

$$\text{—CNH} \underset{\text{CH}_3}{\bigcirc} \text{NHCO}\sim\sim\sim\text{O}— \sim\sim\sim\text{O}— : \begin{cases} \text{(CH}_2\text{CH}_2\text{O)}_n \text{ (PEG成分)} \\ \text{(CH}_2\text{CH(CH}_3\text{)O)}_n \text{ (PPG成分)} \\ \text{(CH}_2\text{(CH}_2\text{)}_2\text{CH}_2\text{O)}_n \text{ (PTMG成分)} \end{cases}$$

　　ハードセグメント　　ソフトセグメント

> **Q** 水素結合しているのに熱可塑性になるのですか？
> **A** 水素結合は共有結合に比べてはるかに弱いので，高温では分子鎖が熱にゆさぶられてあちこちで解離が起こります。そのため成形温度では可塑化・流動し，溶融押出成形や射出成形が可能になります。

成　形　ポリウレタンはグリコール成分にイソシアネート成分を混合してつくる。比較的低温で反応する。発泡ポリウレタンは，両成分，触媒，必要に応じて発泡剤を型枠に流し込んだ後，加熱してつくる（写真5.4 (b)）。スポンジケーキをつくる要領である。現在では反応射出成形（reaction injection molding：RIM）も適用される。また合成皮革は，不織布の片面に原料溶液（ドープ）を塗布・含浸した後，カレンダーロール[*1]の隙間にはさんで加熱・圧縮すると得られる。

*1　片面を鏡面仕上げしたり，皺（しぼ）仕上げした1対のロール

（a）ソファーのクッション材　　（b）発泡成形デモンストレーション　　（c）スポーツシューズ

写真5.4　ポリウレタン（(b)はバイエル社史 "Milestones" より）

　ウレタン化反応は，これらの賦形過程で起こる。一般に熱硬化性樹脂に分類されるポリウレタン樹脂には，硬化剤として多官能のアミンやカルボン酸を加えることが少なくない。その場合には，ウレタン結合以外に尿素結合やアミド結合も生じる。つまり，イソシアネートは活性が高く，ウレタン結合や尿素結合と反応してそれぞれアロファネート結合やビウレット結合を与える。共に架橋に寄与する。

(1) イソシアネートの基本反応

(a) ウレタン化
$$R-N=C=O + HO-R' \longrightarrow R-NHCO-R'$$
$$\qquad\qquad\qquad\qquad\qquad\qquad\quad \overset{\|}{O}$$

(b) 尿素化
$$R-N=C=O + H_2N-R' \longrightarrow R-NHCNH-R'$$
$$\qquad\qquad\qquad\qquad\qquad\qquad\qquad \overset{\|}{O}$$

(c) アミド化
$$R-N=C=O + HOC-R' \longrightarrow [R-NHCOC-R'] \longrightarrow R-NHC-R' + CO_2$$

(2) 活性水素とイソシアネートがつくる結合例

アロファネート　　ビウレット

(3) 熱硬化性ポリウレタンの架橋タイプ

(a) 水素結合（二次結合）による架橋

(b) 多官能モノマーによる架橋

(c) アロファネート結合，ビウレット結合などによる架橋

用　途　　グリコール成分とイソシアネート成分の組成をいろいろ変えることにより，軟質から硬質までいろいろのポリウレタンが設計できる．塗料用途まで含めていくつかの例を紹介する．

(a) 軟質ポリウレタンの用途：発泡ポリウレタン製品（マットレス，ソファー，断熱材）（写真5.4 (a)），エラストマー（ゴムロール，靴下のゴムなど），合成皮革（スポーツシューズ（写真5.4 (c)），革靴，サッカーボール，バッグなど），自動車のバンパー

(b) 硬質ポリウレタンの用途：硬質フォーム（断熱材など）

(c) 塗料の用途（参考）：ドアや家具などに使う高級感のある塗料

参考書・引用文献
1) 村橋俊介，小田良平，井本　稔編，『改訂新版　プラスチックハンドブック』，朝倉書店 (1978).
2) 高分子学会編，『高分子データ・ハンドブック』，培風館 (1985).
3) プラスチック・機能性高分子材料事典編集委員会，『プラスチック・機能性高分子材料事典』，産業調査会 (2004).

また執筆に際し以下の成書を参考にした．
1) 長倉三郎，井口洋夫，江沢　洋，岩村　秀，佐藤文隆，久保亮五編，『岩波理化学辞典―第5版』，岩波書店 (1998).
2) K. Weissermel, H. -J. Apre（向山光昭監訳），『工業有機化学』，東京化学同人 (1996).

3) 緒方郁映,『有機化学Ⅱ—石油化学』, 講談社 (1972).
4) 『13700 の化学商品』, 化学工業日報社 (2000).
5) 吉田泰彦, 萩原時男, 竹市　力, 手塚育志, 米澤宣行, 長崎幸夫, 石井　茂,『高分子材料化学』, 三共出版 (2004).
6) D. W. Van Krevelen, "Properties of Polymers," Elsevier (1997).
7) 高分子学会高分子辞典編集委員会編,『新版高分子辞典』, 朝倉書店 (1988).
8) F. W. Billmeyer, Jr., "Textbook of Polymer Chemistry," Interscience Publishers, Inc., New York (1957).

先端産業を支える高性能高分子材料

　高分子[*1]は実用上の観点から汎用高分子と特殊高分子に大別される。前者は平たく言えば、「ありふれた」高分子をさす。これらは安価で大量生産[*2]されている。一方後者は産業分野で使われる高性能高分子[*3]や機能性高分子[*4]をさす。これらは、高価で生産量も少ない。

　本章ではエンジニアリングプラスチックス[*5]（エンプラとも呼ぶ），高強度・高弾性率繊維，耐熱フィルムに使われる高性能高分子材料について述べる。

[*1] 本章では，「ポリマー」，「高分子」，「重合体」は区別しない。
[*2] わが国における 2010 年の熱可塑性汎用高分子の生産量は約 880 万トン，五大汎用エンプラ用高分子の生産量は約 100 万トンである。
[*3] 機械的性質，物理的性質などにすぐれた性質をもつ高分子
[*4] 化学反応性，選択的相互作用を有する高分子や外部からの刺激に応答する機能を有する高分子
[*5] 本章では慣例と JIS K6900 に従って，原則として「樹脂」は原材料に，「プラスチックス」は成形品にあてる。

6-1 分子設計概念

高性能高分子材料の中で最も重要な性質は耐熱性である。耐熱性は物理的耐熱性と化学的耐熱性に大別される。物理的耐熱性が高いということは，高温でも「座屈しない」，つまり俗にいう「へたらない」ということであり，一方化学的耐熱性が高いということは，長い期間高温にさらしても熱劣化や酸化劣化しないという性質を有しているとことである。一般に前者の物理的耐熱性は分子間力が大きい剛直鎖に由来する。この点から見た分子設計概念を図6.1にまとめる。そのうち最も単純で重要なものは，ベンゼン環や複素環を結合基でつないだ単結合鎖高分子である。さらにこれらの環が線状に縮合した（部分）はしご状高分子（ラダーポリマーとも呼ぶ）にすれば，もっと剛直になる。その究極は環が平面状に縮合したシート状高分子である。本章で取り上げるエンプラや高性能繊維はほとんど単結合鎖高分子からなる。また，耐熱フィルムの項で取り上げるポリイミドは部分はしご状高分子からなり，最近話題になっているポリアセンは，はしご状高分子からなる。なお，有機繊維ではないが，炭素繊維はシート状高分子からなる。

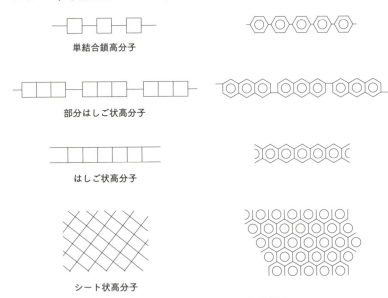

図 6.1　耐熱性高分子の分子設計概念

6-2 エンジニアリングプラスチックス用高分子材料

エンプラ（エンジニアリングプラスチックス）は，機械的性質，熱的性質，寸法安定性などの点で金属製品に代わり得るプラスチックスをさす。これは，汎用エンジニアリングプラスチックスとスーパーエンジニ

アリングプラスチックスに大別される。本節では，代表的なエンプラを取り上げて，その構造，重合法，性質・用途について述べる。

6-2-1 汎用エンジニアリングプラスチックス

汎用エンジニアリングプラスチックスは通常，耐熱温度が約100～150℃のものをさす。そのうち五大汎用エンジニアリングプラスチックスは特に重要である。これらの熱的性質を表6.1にまとめる。表からもわかるように，これらは3つの結晶性エンジニアリングプラスチックスと2つの非晶性エンジニアリングプラスチックスに分かれる。前者は結晶融点（T_m）と結晶化度が，後者はガラス転移温度（T_g）が物理的耐熱性の指標となる。なお，連続使用温度は化学的耐熱性が加味されているので物理的耐熱温度（HDT：熱変形温度（荷重たわみ温度とも呼ぶ））よりかなり低い。

表6.1 五大汎用エンジニアリングプラスチックスの耐熱性

名 称	T_g(℃)	T_m(℃)	結晶化学(%)	HDT(℃) 非強化	強化	連続使用温度(℃)[c]
ポリアセタール	−60	170	64～69	約120	163	95～100
PBT[a]	43～60	225～228	20～40	55～78	213	[130～140]
ポリアミド66	65	265	20～30	70	250	105～110[125]
ポリカーボネート	140～150	−	非晶	135	140～150	115[130]
PPO[b]/PS アロイ	約150	−	非晶	128	142	105[110]

[a] ポリブチレンテレフタレート　[b] ポリフェニレンオキシド　[c] [　] 内はガラス繊維強化の値

> **Q** 「非強化」，「強化」は何をさすのですか？
> **A** ガラス繊維強化の有無をさします。ガラス繊維で強化すると――繊維自体の寄与もあるが――結晶化度が上がり，HDTが顕著に上がります。
>
> **Q** T_m や T_g は前項で説明のあった分子間力や剛直鎖とどうつながるのですか？
> **A** つぎの熱力学式で理解できます。
> $$T_m = \Delta H_m / \Delta S_m$$
> 　ΔH_m：融解前後のエンタルピー変化
> 　ΔS_m：融解前後のエントロピー変化
> 一般に，ΔH_m は分子間力に相関し，ΔS_m は分子鎖の対称性，剛直性に逆相関します。T_g も同様に考えられます。

(1) 結晶性材料

ポリアセタール　ポリオキシメチレン（POM）とも呼び，エンジニアリングプラスチックス用高分子の草分けである。これには単独重合体と共重合体があり，共に実用化されている。

【重　合】単独重合体はホルムアルデヒドのアニオン重合法によってつくる。

$$nCH_2=O \longrightarrow \ (\!\!-CH_2O\!-\!\!)_n$$

この重合ではアニオン末端をそのままにすると，六員環のトリオキサンを脱離しながら熱分解する。そのために酢酸エステルなどで末端を保護しなければならない。

一方，共重合体はトリオキサンとエチレンオキシドの開環共重合によってつくる。反応はカチオン重合機構で進む。

$$m\bigcirc\!\!\bigcirc + nCH_2\text{—}CH_2 \longrightarrow \ (\!\!-CH_2O\!-\!\!)_{3m}\sim(\!\!-CH_2CH_2O\!-\!\!)_n$$
$$(m \gg n)$$

この場合には，カチオン末端からトリオキサンの脱離・分解が起こる。しかし，脱離は共重合成分のところで止まる。なぜなら，六員環は環のひずみが小さいために脱離しやすいが，ひずみの大きい七員環の環状エーテルは脱離しにくいからである。

【形　成】ほかの汎用エンプラと同じく射出形成法で賦形（ふけい）する。

【性　質】POM は単純な繰り返し単位からなり，らせん構造（9/5 らせんの三方晶構造）を形成しやすい。そのためにポリエチレンとならんで代表的な高結晶性ポリマー（結晶化度 64～69%）である。したがって，その成形物は硬い。

【用　途】金属に近いエンジニアリング材料として，電気・電子機器，自動車，一般機械の部品に広く使われている。身近なところでは，アルミサッシの戸車，VTR カセットのハブ，ファスナー・ボールペンの丸いペン先などに使われている。

ポリエステル　エンジニアリングプラスチックスにはポリブチレンテレフタレート（PBT）とポリエチレンテレフタレー

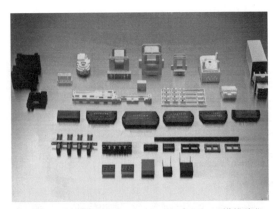

写真 6.1　電子部品（FR-PET, PBT）FR-：繊維強化

ト（PET）が使われている。共に大量生産されているが，プラスチックス用途には結晶化しやすい PBT が主に使われている。

重合法は前章で詳しく述べたので省略する。

適用される分野は工業部品が主で，電気・電子部品（写真 6.1），自動車部品，各種産業機械部品などがあげられる。なおこの樹脂は強化材や充塡材を複合すると良い性能を発揮する。

> **Q** 結晶化しやすさがそんなに重要ですか？なぜ PET でなく PBT なのですか？
>
> **A** 重要です。PET は結晶化が遅いために，冷えやすい成形物表面と冷えにくい内部の間に結晶むらが生じます。それに対して，PBT は結晶化が速いためにむらが生じにくいのです。

ポリアミド　ポリアミド（PA）はポリエステル同様，大量に使われている。

重合法は前章で詳しく述べたので省略する。

繊維用にはポリアミド 6，6 6 が主に使われているが，成形品用には水分率の低いポリアミド 6 10，6 12，11，12 も多く使われている。

ポリアミドは耐熱性が高いだけでなく，その成形物は強靭で摩耗しにくいので，ラジエータータンクなどの自動車のエンジンまわり，電気・電子部品，電動工具，軸受け，無音歯車などに使われる。無音歯車は耐摩耗性の高さを生かした用途である。これらの多くはガラス繊維や無機充塡材で強化されている。

(2) 非晶性材料

五大汎用エンジニアリングプラスチックスの代表格である。

ポリカーボネート（PC）　【重合】ビスフェノール A とホスゲンから界面重合法によってつくる。

$$n\,HO-\phi-C(CH_3)_2-\phi-OH + n\,COCl_2 \xrightarrow{2n\,NaOH} (-O-\phi-C(CH_3)_2-\phi-OC(=O)-)_n + 2n\,NaCl + 2n\,H_2O$$

この重合はショッテン-バウマン反応（不均一反応）に基づく。

> **Q** 界面重合法とはどんな方法ですか？
>
> **A** PC の合成を例にとると，塩化メチレンに酸クロリドであるホスゲンを溶解し，別途アルカリ水溶液にビスフェノール A を溶解します。そして常温近くで両溶液を激しく混合すると界面で反応が起こり，ポリマーが得られます。そのために界面重合法と呼びます。なお生成ポリマーは塩化メチレンに溶け込みます。

> **Q** PC は溶融重合では製造できないのですか？
>
> **A** できます。ビスフェノール A とジフェニルカーボネート（炭酸ジフェニル）とから得られます。触媒の存在下で行う高温溶融重合のため—最近の進歩が著しいとはいえ—多少の着色は避けられません。したがって，高度に透明性が要求される光学用途には制約を受けます。

【**性質および用途**】PC 成形品の特長は耐熱性，透明性，耐衝撃性にある。それらの特長を生かした用途を例示する。

(a) 透明用途：CD や DVD の基板（写真 6.2 (a)），耐熱性光ガイド，有機板ガラス（写真 6.2b），ゴーグル，自動車のヘッドランプレンズ

(b) 耐衝撃用途：ヘルメット（写真 6.2 (b))，携帯電話（写真 6.2 (c)) やパソコンのハウジング，旅行用トランク

> **コラム** PC はなぜ衝撃に強いのか
>
> PC では主鎖のセグメント運動に基づくガラス転移が 140〜150℃ で起こります。しかし，ガラス転移温度以下でも—分子運動は完全には凍結せず—主鎖の局所運動が残ります。局所運動は−40〜−80℃ 以下になってはじめて凍結します。このようにちょうど私たちが通常使用する温度域では衝撃エネルギーを吸収・緩和する十分な自由度が残っているのです。

【**関連材料**】ビスフェノール A とイソフタル酸クロリド／テレフタル酸クロリド（1/1）とから得られる**全芳香族ポリエステル**（**ポリアリレート**とも呼ぶ）も実用化されている。これは耐熱性の上では PC の上部にランクされる。

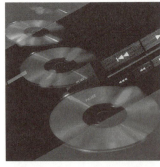

写真 6.2 (a) コンパクトディスク（PC）

写真 6.2 (b) 有機板ガラスとヘルメット（PC）

写真 6.2 (c) 携帯電話（PC）

変性ポリフェニレンオキシド（変性PPO）　ポリフェニレンオキシド[*1]は単独では成形しにくくポリスチレン変性体（相溶系ポリマーアロイ[*2]）が実用化されている。

[*1] ポリフェニレンエーテル（PPE）とも呼ぶ。

[*2] 相互に溶解し合う異種高分子対。多くのポリマーアロイは非相溶系である。

【重　合】PPOは，2,6-ジメチルフェノールの酸化カップリング法によってつくる。これはめずらしい反応であり，フリーラジカル機構に基づく逐次反応である。反応スキームは次の通りである。

ここでモノマーとして無置換フェノールを用いない理由の1つは，架橋を伴うo-位での副反応を避けるためです。もう1つの理由は，無置換フェノールからは十分な耐熱性を有するポリマーが得られないからです。

【成　形】PPOはガラス転移温度（T_g=209℃）が高いので射出成形しにくい。しかし非常に興味深いことにポリスチレン（PS）と任意の割合で相溶する。そのためT_gが下がり射出成形が容易になる。通常，重量ベースでPPO/PS～1/1（T_g=150℃）前後の変性体が実用化されている。

【性　質】PPOは柔軟なエーテル結合を有するにもかかわらず高T_gを示す。これは無置換ポリフェニレンオキシド（T_g=90℃）と比べれば明らかである。これは，PPOのo-メチル基と隣接するフェニレン基のo-水素との反発のために，内部回転が束縛されるからです。つまり剛直鎖からなっているからです。

【用　途】変性PPOはABS樹脂からポリスルホンまでの広い耐熱領域をカバーできる。また，耐加水分解性や寸法安定性が高いことも魅力である。主な用途として電気・電子部品（コネクター，スイッチ），家電部品（テレビ，VTR，炊飯器），事務機器（複写機，FAX），機械部品（ポンプ，ファン）などがあげられる。

6-2-2　スーパーエンジニアリングプラスチックス

スーパーエンジニアリングプラスチックスは耐熱温度が約150℃以上のものをさす。機器内部に組み込まれているので，ユーザーの多くは

目に直接触れることは少ない。これらは価格と需要の関係から汎用エンジニアリングプラスチックスに比べて少量・多品種にならざるを得ない。また，これらはそれぞれ独特の工夫がなされている。本項ではその工夫を中心に解説をする。

(1) 結晶性材料

典型的な単結合鎖高分子であるポリフェニレンスルフィド（PPS）を取り上げる。

【重　合】安価なジクロルベンゼンを原料に用いて，芳香族求核置換反応によってつくる。

$$n\text{Cl}-\text{C}_6\text{H}_4-\text{Cl} + n\text{Na}_2\text{S} \longrightarrow (\text{C}_6\text{H}_4-\text{S})_n + 2n\text{NaCl}$$

反応は NMP などの非プロトン系極性溶媒[*1]中，約 250℃ で行う。

一般に「芳香族求核置換反応容易でない」とされていますが非プロトン系極性溶媒のお陰で高重合体とはいえないまでも，ある程度の重合体は得られます。この溶媒は Na^+ に溶媒和して S^{2-} や NaS^- などのアニオンを活性化するからです。これらの溶媒は有機溶媒としては高い温度まで上げます。

【成　形】射出成形法による。ただし，分子量不足を補うために，事前に酸素共存下で熱処理・架橋をする。また，目的に応じてさまざまな充填材を加える。代表的な充填材としては，ガラス繊維（強度），シリカ（熱伝導性），グラファイト（摺動性），MoS_2（摺動性）が例示される。こうすることによってチョコレート色をした硬い不透明成形物が得られる。

【性　質】PPS 成形品の特長は，耐熱性，難燃性，耐薬品性，離型性にある。これらはいずれも高い結晶性（結晶化度約 60%）によるといっても言いすぎでない。また，高い耐熱性（HDT＝260℃，連続使用温度＝200〜220℃）には，高い結晶融点（T_m＝288℃）も寄与している。ただし，ガラス転移温度（T_g＝93℃）は意外に低い。

ガラス転移温度が低いのは，S 原子が大きいために，それに結合している 2 つのフェニル基の o-水素がぶつからず，フェニル基の自由回転が許されるからと理解できる。結晶性が高いのは，自由回転によって重合過程で生じた熱力学的に不安定な不規則構造から，成形過程で安定かつ結晶化に有利な規則構造へ容易に転移するためと考えられる。

【用　途】特徴的用途をあげる。

(a) 耐熱用途：電気・電子部品（コネクター，リレーなど）
(b) 難燃用途：自動車用排ガス処理バルブ

[*1] 主な溶媒例：N, N-ジメチルホルムアミド（DMF），N, N-ジメチルアセトアミド（DMAc），N-メチルピロリドン（NMP），ジメチルスルホキシド（DMSO）

(c) 耐薬品用途：ケミカルポンプ，工業用フィルター（繊維）

そのほか離型性や耐薬品性を生かした焼き付け塗装にも使われる。

【関連材料】つぎに示す**ポリエーテルエーテルケトン**（**PEEK**）があげられる。これはヒドロキノンとジフルオロジフェニルケトンの芳香族求核置換反応によって得られる。その耐熱性は高く，$T_g = 143°C$，$T_m = 343°C$，HDT＝152°C（非強化），343°C（ガラス繊維強化）である。

(2) 非晶性材料

ここでは代表的な非晶性材料として**ポリスルホン**（**PSF**）と**ポリエーテルスルホン**（**PES**）を取り上げる。このポリマーの特長は強靭さにある。なおPSFにもエーテル結合が含まれているが，伝統的に区別して呼ぶ。

【重　合】PSFはビスフェノールAとジクロロジフェニルスルホン[*1]との芳香族求核置換反応によってつくられる。

*1　本章に出てくる求核置換反応での置換基効果
―S―（PPS）＜―C―（PEEK）
　　　　　　　　　　‖
　　　　　　　　　　O

　　　　　　　　　　O
　　　　　　　　　　‖
　　　　　　　＜―S―（PSF, PES）
　　　　　　　　　　‖
　　　　　　　　　　O

一方，PESはジクロロジフェニルスルホンの部分加水分解反応，芳香族求核置換反応によってつくられる。

反応は共にDMAc，DMSO，NMPなどの非プロトン系極性溶媒中，高温で行う。この系の特徴は＞SO_2の強い電子吸引効果にある。もちろんPPS重合の場合と同じく，非プロトン系極性溶媒が有効に働いている。なおPESの場合には，分子量低下を抑えるためにClをFに置き換えた原料を反応終点近くで少し加えることがある[*2]。

【成　形】射出成形するとコハク色の透明成形物が得られる。

【性　質】成形物は強靭で寸法安定性が高い。また，物理的耐熱性（PSF：$T_g = 190°C$，PES：$T_m = 225°C$）も化学的耐熱性も高い。前者が

*2　求核置換反応の受けやすさ
(a) 脂肪族ハライド：I＞Br＞Cl＞F
(b) 芳香族ハライド：I＜Br＜Cl＜F

高い理由は①SO_2基の極性が分子間力を高めている（エンタルピー効果），結合基に隣接する2つのフェニレン基のo-水素が互いに障害になり，②内部回転を阻害して剛直である（エントロピー効果），の2点にある。一方，後者が高い理由は，ベンゼン環だけでなく最高酸化状態（酸化レベル）のSO_2を含むため，空気酸化を受けにくい点にある。これは難燃性にもつながる。

$$-S-<-S-<-S-$$
（式中のSに対するO原子の結合数：左から0，1，2）

【用　途】強靭性，寸法安定性，難燃性，耐薬品性を生かした用途がある。

(a) 電気・電子機器部品（耐熱・難燃性）：航空機・自動車関係の電気系統，照明器具部品
(b) 精密機器部品（寸法安定性）：時計，複写機，カメラ部品
(c) 食器産業（耐薬品性）：コーヒーサーバー，自動販売機部品，電子レンジ部品

(3) 液晶高分子材料

代表的な液晶高分子（LCP）を3つ取り上げる。いずれもネマチック液晶[*1]を形成するポリエステル共重合体からなる。これらは，ポリ（p-ヒドロキシ安息香酸）の成形性を改良したものと考えてさしつかえない。しかし液晶の特徴である流動性は，成形工程だけでなく重合工程や性質にも有効に働いている。

【背　景】ここで取り上げる一連の液晶高分子材料は，最も単純な上記全芳香族ポリエステル（ポリアリレートとも呼ぶ）にはじまる。このポリマーからは，銀白色の金属光沢を示す超耐熱性・結晶性固体（$T_m=610℃$）が得られる。しかし，①ポリマーは不溶・不融のため固相重合でないと得られない，②射出成形法が使えず焼結成形法[*2]に頼らざるを得ない，などの致命的欠陥を有していた。そこに，「耐熱性を

*1 液晶構造の種類：ネマチック，スメクチック，コレステリック

*2 超高圧をかけて高温で粉末を圧縮する成形法。テフロンの成形に使われている。

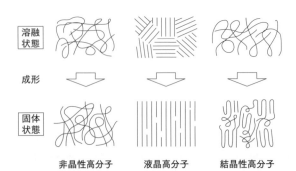

図6.2　各種高分子の溶融状態と固相状態における分子配列

犠牲にしてでも，射出成形が可能な樹脂を」という発想が生まれた。その発想が具現したのがここで取り上げる液晶高分子である。

【原　理】ネマチック液晶は分子鎖がそろった領域（ドメイン）を形成しており（図6.2），ある温度域で剪断力を加えるとドメインはその方向に滑りやすくなり，分子鎖も力の方向に配向する。これが絡まった柔軟鎖からなる高分子と根本的に違う点である。

【構造および性質】次に代表的な3つの共重合体を示す。

Ⅰ：剛直鎖どうしの共重合

Ⅱ：クランクシャフト構造の導入

Ⅲ：屈曲鎖の導入（アリレートではない）

耐熱性は，Ⅰ（耐熱温度250〜350℃）＞Ⅱ（180〜250℃）＞Ⅲ（60〜180℃）の順である。成形性はその逆（Ⅰ＜Ⅱ＜Ⅲ）である。

【共重合効果】ポリ(p-ヒドロキシ安息香酸)に適切な共重合成分を導入すると液晶高分子が得られる。そして，共重合から様々な効果が生まれる。効果はすべて流動性と配向性・異方性に起因している。そのポイントを紹介する。

(a) 共重合にすると溶融重合が可能になり，固相重合が回避できる。

(b) 共重合にすると射出成形が可能になり，焼結成形が回避できる（ただし，異方性に対処する金型設計は必ずしも容易ではない）。

(c) 高配向・異方性成形物が得られ，場合によっては繊維強化しないでも高強度・高弾性率を有する成形物が得られる（自己補強効果；ただし，方向により線膨張率に差が生じ，また厚み方向にも配向むら（一種のスキン-コア構造）が生じやすい）。

6-3 高性能繊維用高分子材料

現在実用化されている代表的なポリマーとして**全芳香族ポリアミド（アラミド）**があげられる。中でもポリ(m-フェニレンイソフタルアミド)(PMIA)とポリ(p-フェニレンテレフタルアミド)(PPTA)が重要である。前者は耐熱・難燃繊維に，後者は高強度・高弾性率繊維に使われている。

6-3-1 耐熱・難燃繊維

本項では PMIA について述べる。

【重　合】PMIA は m-フェニレンジアミンとイソフタル酸クロリドから低温溶液重合法によってつくられる。

$$nNH_2\text{-Ar-}NH_2 + nClC(O)\text{-Ar-}C(O)Cl \xrightarrow{-2nHCl} (-NH\text{-Ar-}NHC(O)\text{-Ar-}C(O)-)_n$$

重合は DMAc，NMP などの非プロトン系極性溶媒中，常温近くで行う。

> **Q** 非プロトン系極性溶媒を使うとどんなメリットがあるのですか？
> **A** それは次の3つに集約されます。
> (a) 酸クロリドと反応してつぎのように活性中間体（一種の混合酸無水物）をつくる。
>
> $$ArCCl(O) + HCN(CH_3)_2 \longrightarrow ArCOCH=N^+(CH_3)_2\ Cl^-$$
>
> これは急激な反応を抑制して，所望の攻撃を選択的かつ円滑にする上で有効です。
> (b) 弱塩基性で極性が高いために，副生する HCl との造塩に基づくアミンの失活を抑える。
> (c) ポリマーと構造が似ているのでポリマーを良く溶かす。

【紡　糸】乾湿式紡糸法[*1] による。紡糸溶媒には非プロトン系極性溶媒に $CaCl_2$ や LiCl などの無機塩を加えたものを用いる。溶液濃度を稼ぐためである。

【性質および用途】PMIA 繊維は淡黄褐色の丈夫な繊維である。難燃性（LOI[*2]＝30〜32）が高いので，消防服（写真 6.3），製鉄所などの暑熱下で着る作業服，レーサー用ユニフォームなどに使われる。しかし，耐光性が不十分なために公共施設や乗り物の内装（カーテンや座席カバー）には不向きである。

*1 乾式紡糸法を加味した湿式防止法

*2 **l**imited **o**xygen **i**ndex（限界酸素指数）：LOI が 21 以下では空気中でも燃焼する。

写真 6.3　消防服（難燃繊維）

6-3-2　高強度・高弾性率繊維

PPTA 繊維は高強度・高弾性率繊維であり，ケブラー（米国デュポン社の商標名）の呼び名で親しまれている。

【設計概念】 高弾性率が目ざすのは，強く引っ張っても分子鎖の内部回転がそれ以上起こらない伸びきり鎖からなる繊維である。これを達成するには剛直鎖からなるポリマーが適しており，PPTA はこの条件を満たしている。

いっぽう高強度が目ざすのは無欠陥鎖からなる繊維である。主な欠陥としては分子末端と絡み合い（結節）があげられる。PPTA 液晶を使えば少なくとも後者に基づく一欠陥を大幅に減らすことができる。

したがって PPTA は高強度・高弾性率をもたらすのに適した化学構造からなり，液晶紡糸（後述）は高強度・高弾性率を引き出すのに適した手段といえる。

Q　弾性率は理論的に求められないのですか？
A　求められます。また多くのポリマーで到達弾性率は理論弾性率と良く一致します。なお，理論解析には赤外吸収スペクトルのデータ[*1]が役立ちます。それを見ると，内部回転は変角や伸長よりはるかに容易に起こることがわかります。

Q　強度はどうですか？
A　推定はできます。しかし，到達強度は理論強度のたかだか 20% です。これは，破断の主要因である欠陥を正確に評価できないからです。

Q　内部回転とは何ですか？また，それが伸びきり鎖や高弾性率とどうつながるのですか？
A　単結合を軸とする回転のことです。コンホメーション（立体配座）は主としてこの回転により生じます。

一般に未延伸系を引っ張ると，高分子鎖のコンホメーションが変化して，分子鎖が引き伸ばされます。そうすると系は容易に伸びます。そして，この

*1　振動レベルのエネルギー：伸縮振動＞変角振動＞＞内部回転振動

コンホメーション変化が行き詰まると—伸びきり鎖になると—変角や伸張を伴う変化が始まります。しかし，わずかな変化（伸び）にも非常に大きな力（応力）が必要になります。これが高弾性率の意味です。

【重　合】PPTAは p-フェニレンジアミンとテレフタル酸クロリドから低温溶液重合法によってつくる。溶媒にはNMP–$CaCl_2$ を用いる。

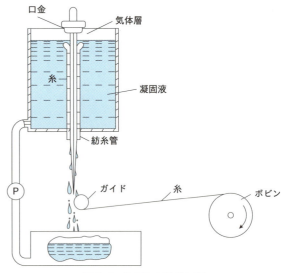

図 6.3　PPTAの紡糸工程

*1 濃硫酸に無水硫酸（SO_3）を数%加えたもの。

*2 液晶のタイプ：サーモトロピック液晶，リオトロピック液晶

【紡　糸】ケブラーの大発明はデュポン社のKwolek女史が「PPTAが発煙硫酸[*1]中でリオトロピック液晶[*2]を形成する」という事実を見いだしたことに始まる。そのために液晶を利用した乾湿式紡糸法を液晶紡糸法とも硫酸紡糸法とも呼ぶ。そのポイントは，①紡糸濃度域（約20重量%）で流動性が著しく上がる，②紡糸溶液を口金から勢いよく押し出すと，剛直な液晶分子が繊維方向に配向する（図6.3），の2点である。その結果，結晶化度66%，配向度91%の高配向繊維が達成された。

コラム　こつ然と消えた魔法の溶媒

著者は入社当時に耐熱性高分子の研究開発にたずさわり，実験室ではいろいろの非プロトン系極性溶媒を扱っていました。その中で—多分PPTAの重合のために—新しく開発されたヘキサメチルホスホルアミド（HMPA）は抜群の溶解力を示しました。この溶媒はmagic solventともsuper solventとも呼ばれ，著者もすっかりその魅力に取りつかれてしまいました。

ところがある日突然室長に呼ばれ，「薬品棚のHMPAをすべて焼却しなさ

い」と命令されました．あわてて図書室に行くと，「発ガン性の疑いあり—生産中止」のニュースを知りました．驚いたことに，発ガン性の疑いを突き止めて公表したのは，ほかならぬそれを開発したメーカー自身でした．著者は非常に残念に思いましたが，事の重大さに鑑み，しぶしぶ室長の命に従いました．確かに溶媒を失ったことは惜しむに余りあったが，いっぽうでは「企業の良心と誇り」を垣間見て，すがすがしい気分になりました．

【性　質】PPTA繊維の長所は，軽い，強い（高強度），腰が強い（高弾性率）の3つである．なお，競合品とも比較してみるとよい．
 (a) スチール繊維に比べて軽くてしなやかである．
 (b) 炭素繊維やガラス繊維のように脆くない．
 (c) タイヤコード用ポリエステル繊維やナイロンよりはるかに強く，腰が強い．たとえば，PPTA繊維の強度はタイヤコード用ナイロンの3倍，弾性率は10倍以上である．

【用　途】タイヤコード，プラスチックタイヤチェーン，光ファイバー抗張力材，防弾チョッキ，スポーツ用品（テニスラケットのフレームに内蔵する心材など），鉄骨・鉄筋代替（写真6.4）．

写真6.4　鉄骨代替（高強度・高弾性率繊維）

【関連繊維】PPTA繊維以外の重要な関連繊維を列挙する．いずれも実用化されている．
 (a) ポリエチレン繊維：超高分子量ポリエチレンをゲル紡糸・超延伸したもの．柔軟鎖からなる繊維であるにもかかわらず高強度・高弾性率を示す．理由はポリエチレンの伸びきり鎖は平面ジグザグ構造をとっているので，それ以上引っ張っても内部回転を伴う伸張は起こらないからである．

(b) アラミド共重合体繊維：PPTAにある特別な構造からなるの共重合成分を導入したもの。有機溶媒を用いた紡糸が可能である。

(c) 炭素繊維：アクリル繊維を不活性雰囲気中で焼成したもの。石油ピッチからも得られる。後者は日本で開発されたものである。

6-4 耐熱フィルム用高分子材料

この分野における代表的なフィルムは何といっても下に示すポリイミドフィルム（PIフィルム）である。というよりカプトン（米国デュポン社の商標名）と呼ぶほうが通りが良い。そのポリマーは実に優れた分子設計に基づいてつくられている。

【重合および製膜】次の二段反応でつくる。可溶性前駆体の段階で製膜するのでこの方法を前駆体法と呼ぶ。

ポリアミック酸（前駆体） → ポリイミド（PI）

*1 カプトンは線状高分子からなっているにもかかわらず，不溶・不融である。そのため，このポリイミドを「非熱可塑性ポリイミド」と呼ぶ人もいる。

前駆体のポリアミック酸は，等モルのジアミンとテトラカルボン酸二無水物をDMAcやNMPなどの非プロトン系極性溶媒に溶かして，常温でかき混ぜるだけで得られる。得られた溶液を流延・乾燥した後，熱処理（〜300℃）すると不溶・不融[*1]のPIフィルムが得られる。工場では，ポリアミック酸溶液（ドープ）をT-ダイ（スリット）を通して，鏡面仕上げした金属ベルト上に流延して行う（図6.4）。

【性 質】PIは部分はしご状高分子からなっているために，物理的耐熱性（HDT＝360℃）が高く，化学的耐熱性（熱分解開始温度＞500℃）も高い。後者が高い理由はつぎの2点にある。

(a) 部分はしご状高分子からなる。

(b) 熱劣化・酸化劣化の引き金になるC–H結合が極端に少ない。これはポリエチレンのH/C比が2/1であるのに対して，このPIのH/C比は10/22（〜1/2）であることからも明らかである。

物理的耐熱性には，ベンゼン環の分散力およびイミド環の配向力

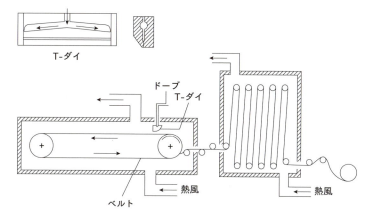

図6.4 カプトンの製膜工程

（いずれもファン・デル・ワールス力の一種）に基づく分子間力も有効に働いています。

はしご高分子は化学的耐熱性にも好ましい構造といえる。図6.5に示すように，線状高分子は1個所で開裂が起こると分解する。それに対してはしご状高分子は同一環内2個所で開裂しないかぎり分解しない。また，たとえ1個所で開裂しても再結合する確率が高い。

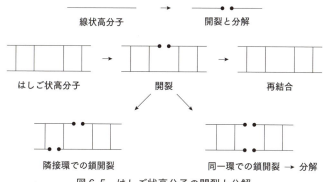

図6.5 はしご状高分子の開裂と分解

【用　途】フレキシブルプリント基板としてカメラ，時計，電卓，VTR，携帯電話，パソコン，プリンターなど，あらゆる電子機器分野で使われている。

> **コラム**　VTRやパソコンに耐熱が必要なわけ
>
> 　これらの機器が正常に作動しているうちは，耐熱性はそれほど必要ありません。しかし，異常作動や誤作動が原因となり，結果として，大量のジュール熱が発生することがあります。信頼性を確保するためには，材料の耐熱性が必須なのです。

エピローグ　67歳の手習いが生んだ耐熱性高分子

　耐熱性高分子の生みの親であるマーベル教授は米国イリノイ大学の世界的有機化学者でした。先生が同大学を退官したのは1961年のこと，米・ソ宇宙開発競争が過熱しはじめた頃でした。

　アリゾナ大学に移った先生は，それまでとはまるで異なった分野である耐熱性高分子の研究を始めました。そして四官能のジアミノベンジジンと二官能のテレフタル酸ジフェニルから可溶性ポリマー，つまりポリベンツイミダゾールが得られるという大発見をしました。これは，「三官能以上のモノマーから可溶性ポリマーが得られるはずがない」という当時の常識を完全に覆すものでした。

　このポリマーは，アポロ11号のカプセルの断熱と―分解を利用した冷却に使われ，1969年に月面着陸を見事成功に導きました。ワシントンのスミソニアン博物館を訪れると，アームストロング，オルドリン両宇宙飛行士を護りぬき，ポリマー層が真っ黒に焼けただれたカプセルが迎えてくれます。

　先生は90歳を超えても研究室に通っていたそうです。溶解テストの様子を見ながら，熱っぽく語りかけてくれた老学者の笑顔がいまだに忘れられません。

参考文献

1) 今井淑夫, 岩田　薫（日本化学会編），『高分子構造材料の化学―先端材料のための新化学』，朝倉書店（1998）.
2) プラスチックス・機能性高分子材料事典編集委員会，『プラスチックス・機能性高分子材料事典』，産業調査会（2004）.
3) 高分子学会編，『高分子データ・ハンドブック』，培風館（1985）.
4) 高分子学会高分子辞典編集委員会編，『新版高分子辞典』，朝倉書店（1988）.
5) 岩倉義男, 今井淑夫, 岩田　薫編，『高性能芳香族高分子材料―先端高分子材料シリーズ 2』，丸善（1990）.
6) A. H. Frazer, "High Temperature Resistant Polymers," Interscience Publishers, A division of John Wiley & Sons, 1968.
7) P. W. Morgan, "Condensation Polymers: By Interfacial and Solution Methods," Interscience Publishers, Inc., New York, 1965.
8) 村橋俊介, 小田良平, 井本　稔編，『改訂新版　プラスチックハンドブック』，朝倉書店（1978）.
9) 原　重義, 岩田　薫, 小澤周二,「耐熱性高分子の現状及び最近の展望」，石油学会誌, 17 (2), 17 (1974).
10) 原　重義, 岩田　薫,「耐熱性樹脂の動向と展望」，有機合成協会誌, 35 (1), 73 (1977).

11) J. L. Cooper, 酒井 紘, 「アラミド繊維 ケブラーとその応用展開」, 繊維と工業, 43 (4), 9 (1987).
12) 加藤誠一, 「アラミド繊維 テクノーラ (HM-50)」, 繊維と工業, 43 (4), 14 (1987).
13) 安田 浩, 大田康雄, 「高強度・高弾性率ポリエチレン—製糸技術とその応用」, 新素材, 1991 (8), 23.
14) 岡田常義ほか, 「液晶ポリマーの可能性を語る」, 工業材料, 37 (9), 18 (1989).

7

環境を支える高分子材料

　高分子材料はその機能性によりさまざまな分野で応用されているが，環境との関わりは重要である。ここでは，環境を支える高分子材料の例として，高分子膜を利用した分離，環境低負荷型高分子材料である生体高分子・合成高分子とそのリサイクルについて述べる。

7–1 さまざまな分離に用いられる高分子膜

高分子膜を利用した膜分離法は，気体・液体中の各成分の膜の透過速度差を利用して分離する方法であり，必要成分の濃縮・精製や不要成分の除去に利用される。その応用例は多岐に亘っている（表 7–1）。ガス分離膜・浸透気化膜を用いた窒素・酸素の製造やバイオエタノール濃縮，精密ろ過（microfiltration membrane: MF）膜・限外濾過（ultrafiltration membrane: UF）膜・ナノ濾過（nanofiltration membrane: NF）膜・逆浸透（reverse osmosis membrane: RO）膜による排水・下水処理や海水の淡水化などで利用されている。

表 7–1　高分子膜の分類と応用分野の例[1]

膜	応用分野の例
ガス分離膜	二酸化炭素回収，揮発性有機化合物（VOC）ガス回収，水素ガス精製，窒素または酸素富化空気の製造，空気の乾燥
浸透気化膜	バイオエタノール濃縮，有機溶媒の脱水，有機溶媒混合物の分離，揮発性有機化合物（VOC）溶液回収
精密濾過膜	水処理（微粒子除去），食品・薬剤工業における減菌，ビールの清澄化，メンブレンリアクター
限外濾過膜	水処理（排水，し尿処理），ミルクの濃縮，いもデンプンやタンパクの回収，ジュースやビールの清澄化
ナノ濾過膜・逆浸透膜	水処理（海水淡水化，超純水の製造），ジュースや砂糖，ミルクの濃縮
電気透析膜	水処理（イオンの分離），製糖時の脱ミネラル化，鍍金時の重金属イオン回収
透析膜	人工腎臓，廃液中の金属イオンの分離，海水からのウラン化合物の分離
ガス透過膜	人工肺，コンタクトレンズ，水や溶媒の脱気
電解質膜	燃料電池
バリア膜	太陽電池，有機 EL，電子ペーパー，液晶，食品や医薬品，電子機器包装

特に，人口増大による水不足は深刻である。現在，世界の人口の3分の1が水不足の状態におかれているが，2025年には3分の2まで拡大すると予想されている。人口増加により食料・工業製品の生産が拡大し，その生活・工業用水の需要が増え，生活排水・産業排水により水質汚染がすすむなど，世界における水問題が大きくなっている。このような問題解決として処理速度・費用の面で優れた高分子膜を利用した水処理技術が大きく注目を浴びている。その高分子膜は分離・濾過の起因となる孔径と分離対象物質により，精密濾過膜，限外濾過膜，ナノ濾過膜，膜逆浸透（RO）膜の4種類に大別される（図 7–1）。精密濾過膜や限外濾過膜は細菌等の除去による下水・排水処理や飲料水製造に用いられ，逆浸透膜はイオン・低分子量有機化合物を除去する半透膜であり，海水淡水化などに用いられている。

海水淡水化では，逆浸透膜を用いた造水量が 1000 万 m^3/ 日を超えて

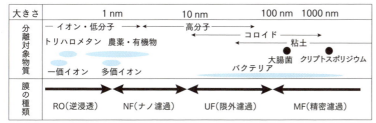

図 7-1　分離対象物質と水処理用分離膜の種類[1]
（栗原優，東レ（株）カタログ）

おり，中東を中心に 20 万 m^3/日以上の海水淡水化プラントが稼働している。その逆浸透膜の素材としては 1960 年に酢酸セルロース膜が開発されたが，基材−ポリスルホン支持層−架橋芳香族ポリアミド系分離機能層の 3 層構造からなるポリアミド系複合膜なども開発され，高圧下で運転されている（図 7-2）。その形態もスパイラル型や中空糸型が開発されている。中空糸膜の膜断面および表面写真の例を図 7-3 に示す。

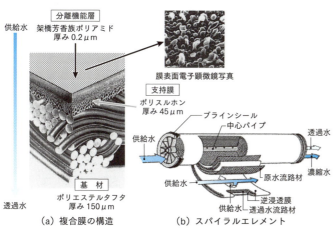

図 7-2　架橋芳香族ポリアミド系複合膜の構造[2]
（栗原優，東レ（株）カタログ）

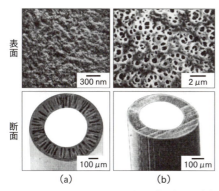

図 7-3　中空糸型の限外濾過（UF）膜（a），精密濾過（MF）膜（b）の表面および断面構造[1]

膜の表面には細孔が確認される。

7-2 生体高分子

生体・生体関連高分子は数多く存在するが，高分子材料として主に用いられるのはタンパク質，多糖類（表7-2）であり，主に繊維として用いられ，その代表例がタンパク質である絹，羊毛，多糖類の綿である。しかし繊維以外にも医療，食品分野で様々な生体関連高分子が利用されている。

表7-2　生体関連高分子

タンパク質	多糖類
動物由来	動物由来
絹	キチン・キトサン
羊毛	ヒアルロン酸
ケラチン	植物由来
コラーゲン	
ゼラチン	セルロース
	デンプン
植物由来	マンナン
大豆タンパク	カラギーナン
小麦タンパク	アルギン酸

7-2-1　タンパク質

タンパク質である羊毛は一般に羊の体毛を指すが，アンゴラ山羊・アンゴラウサギ（アンゴラ），アルパカ（アルパカ），ラクダ（キャメル）を含める場合もある。保湿性/保温性に優れ衣料材料として用いられている。また絹は蚕が繭を作るときに生産するタンパク質で，1つの繭から1,000 m 前後とれる天然繊維である。独特の光沢を持ち古来より織物として用いられていたが，手術用縫合糸にも用いられている。

動物の真皮，靱帯，軟骨などを構成するコラーゲンは，グリシンが3残基ごとに存在し，残りのアミノ酸はプロリン，ヒドロキシプロリンが20〜25% 含まれる構造タンパク質の一種である。ゼラチン原料として食品分野で利用されている。また生体親和性，保湿効果が高く，濃度によって水溶液粘度を調節しやすいため，化粧品原料（主にクリーム）にも使用されている。

ゼラチンはコラーゲンを部分加水分解して得られるタンパク質であり，食品分野ではゲル化剤として使用されている。またゼラチンの皮膜形成能を利用した写真用の感光材料，医薬品のカプセル皮膜素材としても使われている。更に日本では古来より，コラーゲン，ゼラチンを日本画の画材や接着剤（膠）として利用されてきた。

7-2-2 多 糖 類

代表的な天然物由来の植物繊維として木綿，麻，亜麻（リネン）が用いられているが，これ以外にもマニラ麻（芭蕉），ジュート（リュウゼツラン），ジュート（インド麻）が有り，主成分はセルロースで，少量のヘミセルロース，リグニン，ペクチン等を含んでいる。また天然繊維に対し木材からリグニンを分離し得られるパルプは製紙原料以外に再生セルロース繊維にも用いられ，（ビスコース）レーヨン，キュプラ等の名称で使用されている（図7-4）。

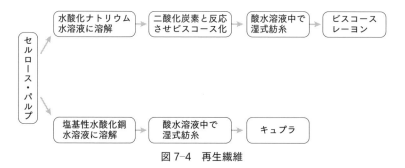

図7-4 再生繊維

セルロースは化学修飾により様々な誘導体が合成されており，繊維以外にも用いられている。代表的なエステル化した誘導体には，セルロースの水酸基を硝酸で硝酸エステル化（式7-1）した硝酸セルロース，無水酢酸で酢酸エステルにした酢酸セルロース（式7-2）がある。硝酸セルロースはセルロースの繰り返し単位であるグルコースにある3つの水酸基のうち1.5～2個が硝酸エステル化されたものはセルロイド，ラッカーとして写真や映画のフィルム，塗料皮膜成分，マニキュア等に使用されている。ただし硝酸セルロースは可燃性が強く，さらに硝酸エステル化されると無煙火薬の原料となる。

$$\text{（式 7-1）}$$

$$\text{（式 7-2）}$$

酢酸セルロースはその置換度によりジアセテートレーヨン（二置換体；二酢酸セルロース），トリアセテートレーヨン（三置換体；三酢酸セルロース）があり，衣料用繊維以外にジアセテートレーヨンはたばこのフィルター，自動車ハンドル等に，トリアセテートレーヨンは分離膜（限外濾過膜，浸透膜，透析膜）の用途がある。

他のセルロース誘導体（図 7-5）としてエーテル化したカルボキシメチルセルロース（式 7-3），ヒドロキシエチルセルロース（式 7-4），ヒドロキシプロピルセルロース（式 7-5）があり，増粘剤，保水剤として食品，化粧品，医薬分野で用いられている。

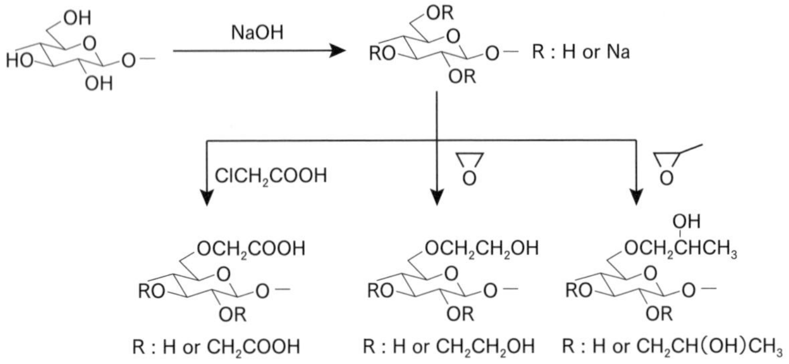

カルボキシメチルセルロース (7-3)　ヒドロキシエチルセルロース (7-4)　ヒドロキシプロピルセルロース (7-5)

図 7-5　セルロース誘導体

デンプンはアミロースとアミロペクチンからなり，セルロースと同様に繰り返しユニットがグルコースである。セルロースはβ-グルコースが 1-4 でβ-グリコシド結合した高分子であるが，デンプンのアミロースはα-グルコースが 1-4 でβ-グリコシド結合し，アミロペクチンはアミロースの 6 位水酸基にアミロースの側鎖を持った枝分かれ構造（平均グルコース残基 25 個対して 1 個の枝分かれ，$\alpha 1 \rightarrow 6$ 結合）の多糖である（図 7-6）。

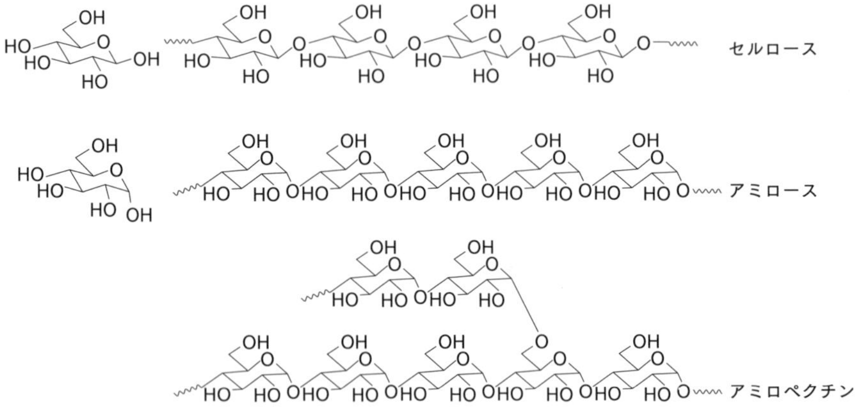

図 7-6　セルロースとデンプン

デンプンは直接食料としての利用する以外に，デンプン糊として接着剤，洗濯糊としても利用されている。またデンプンは酸やアミラーゼなどの酵素により加水分解され，マルトース，グルコースとなり，アルコール発酵，糖化製品としての水飴，異性化糖として食品，医薬品関係で使用されている。またセルロースと同様に化学修飾されたデンプン誘導

体が調製されており，エステル誘導体（図7-7），エーテル誘導体（図7-8）等をまとめて加工デンプンとよばれている。これら加工デンプンは主に食品添加物としての増粘剤，ゲル化剤などに利用されている。

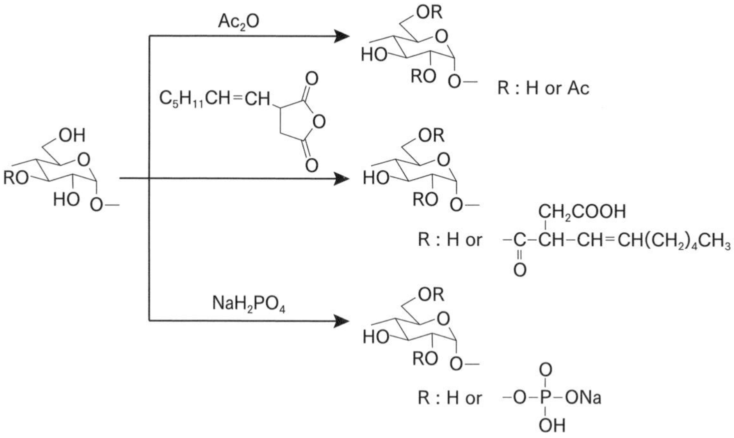

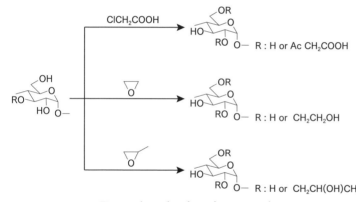

図7-7　加工デンプン（エステル化）

図7-8　加工デンプン（エーテル化）

　デンプン自体には可塑性がないが，水溶液を加熱するとゲル化し可塑性が出現する。ただこの状態ではプラスチックスとして利用できないが，他のプラスチックスをブレンドしたり，グラフト重合することにより生分解性プラスチックスとして利用されている。

　セルロースの2位水酸基がアセトアミド（アセチルアミノ）基に置換された高分子はキチンとよばれ，カニやエビの殻に存在する天然多糖である。キチンのアセトアミド（アセチルアミノ）基を加水分解し，アミノ基に変換した物がキトサンとよばれ，真菌類の細胞壁に存在する。

　このキチン，キトサンは資源的にはセルロースに匹敵する天然多糖といわれているが，その有効利用例は少なく，手術用縫合糸，創傷被覆保護材として医療材料としてや，保水性，抗菌性を利用した衣料製品に使われている。また生分解性があるため土壌改良剤や凝集剤としても用いられている。

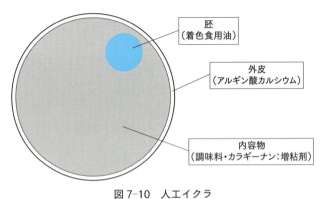

図 7-9　セルロースとキチン／キトサン

カラギーナンは紅藻類から，アルギン酸は褐藻からアルカリ抽出された多糖であり，何れも食品添加物としてのゲル化剤，増粘剤として使われ，人口イクラの外皮はアルギン酸カルシウムでできている。

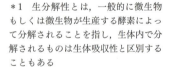

図 7-10　人工イクラ

7-3　未来の環境を考える環境低負荷型高分子材料とリサイクル

7-3-1　高分子材料の循環型社会への展望

高分子材料は，その多種多様な化学構造から多様な需要に応じた機能性の発現を可能にしており，現代社会の広い分野で利用され，なくてはならないものとなっている。その反面，使用後の廃棄物が問題となっている。高分子材料は全世界で1年間に約2.6億トン生産され，その生産量の8割は廃棄物として処理されている。この問題を解決するために生分解性高分子材料[*1]が開発された。近年では「カーボンニュートラル」といった概念（図7-11）へ発展した。カーボンニュートラルは，

*1　生分解性とは，一般的に微生物もしくは微生物が生産する酵素によって分解されることを指し，生体内で分解されるものは生体吸収性と区別することもある

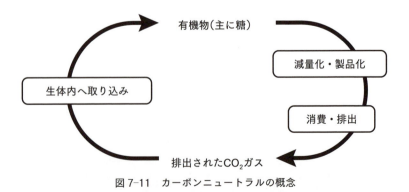

図 7-11　カーボンニュートラルの概念

未来を見据えた循環型社会を構築する基本理念であり，現在問題となっている温室効果ガス排出や化石燃料の使用の低減につながると考えられている。

7-3-2 生分解性高分子材料

循環型社会の構築の1つの要素である生分解性高分子材料について（表7-3）まとめる。生分解性を有する高分子は，セルロース，デンプンなどの糖質やタンパク質といった天然高分子，ポリ乳酸（PLA），ポリブチレンサクシネート（PBS）やポリ（ε-カプロラクトン）に代表される脂肪族性ポリエステル，がある。これらの由来は，天然資源・化学合成，微生物合成のいずれかである。本項では，特に活発な研究がなされている脂肪族性ポリエステルについてとりあげ，天然高分子は7-2で前述したように成書を参照して頂きたい。また脂肪族性ポリアミドについては，一部の脂肪族性ポリアミドでは，酵素分解性が示されているが，取り扱わない。

表7-3 生分解性高分子の例

植物および動物由来の天然高分子	多糖類（セルロース，デンプン，アルギン酸） アミノ多糖類（キチン，キトサン） タンパク質類（グルテン，ゼラチン，コラーゲン，ケラチン） 天然ゴム
微生物由来の高分子	微生物多糖類（セルロース，プルラン，カードラン） 微生物ポリアミノ酸（ポリグルタミン酸，ポリリジン） 微生物ポリエステル（ポリヒドロキシアルカノエートおよびその共重合体）
化学合成高分子	ポリグルタミン酸 ポリビニルアルコール ポリエーテル（ポリエチレングリコール） 脂肪族ポリエステル（ポリ乳酸，ポリグリコール酸，ポリヒドロキシアルカノエート，ポリラクトン，ジカルボン酸とジオールのポリエステル）

（1）化学合成高分子材料

化学合成による生分解性高分子は，天然高分子や微生物ポリエステルに比べると，大量生産が容易で，安価に生産することができる。現在身近に利用されているポリエステルのほとんどは芳香族ポリエステル（ポリエチレンテレフタレート（PET）やポリブチレンテレフタレート（PBT））であり，基本的に生分解性がない。しかし，化学合成による脂肪族ポリエステルは種々の酵素（リパーゼやエステラーゼ）により加水分解される。ポリ（ε-カプロラクトン）（PCL）などの脂肪族ポリエステルは空気中では安定であるが，土壌中では数か月で分解し生分解性に優れ，ポリエチレンと同様の条件で成形できるが，多くの脂肪族ポリエステルは熱物性に弱点がある。

その中でもポリ乳酸（PLLA）は，一般的に脂肪族ポリエステルが脆

弱とされる熱物性（特に融点 180℃）に優れている。さらにステレオコンプレックス結晶とすることでさらに融点は 40K も向上させることが可能となる。カーボンニュートラルに由来するポリ乳酸の合成過程は，発酵過程・原料化・開環重合となっている。工程で得られる乳酸では D 体と L 体が，環状二量体のラクチドは，L-ラクチド，D-ラクチド，*meso*-ラクチド（DL-ラクチド）の 3 種類が生成する。実用化されているポリ乳酸は L-ラクチドから合成されている。光学活性が保たれないとポリ乳酸は熱物性が脆弱になるため，原料には高い光学純度が求められる。

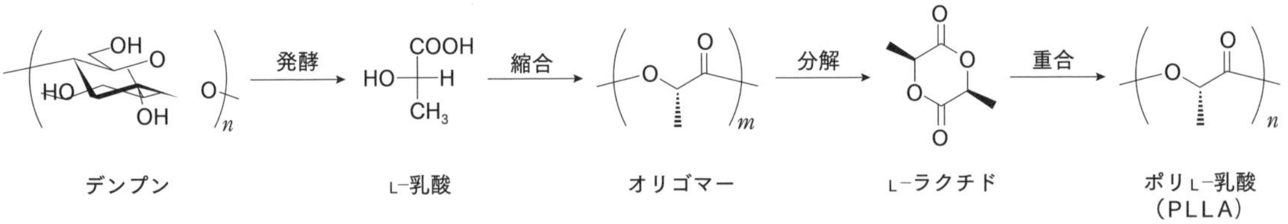

図 7-13　PLLA の合成過程

ラクチドとグリコリドやε-カプロラクトンから重合される共重合体は，生体内で代謝され水と二酸化炭素にまで分解されることから，生体内吸収性の手術用を縫合糸として昔から利用されている。この他の医療用途としては骨固定用ピン，ロッド，スクリューとしても利用され，患者の負担の軽減につながっている。また一般に耐衝撃性に弱いポリ乳酸であるが，ポリカーボネートとアロイ化することで，パソコンや携帯電話の筐体の一部に使用され製品として販売されている（写真 7-1）。さらには，愛・地球博 EXPO2005 で使用された食品用トレイやフォークに使用された事は記憶に新しい（写真 7-2）。またガス透過性が比較的に良いことから，青果包装フィルムとしての利用も可能である。

写真 7-1　ポリ乳酸とポリカーボネートをアロイ化して作成された携帯電話の筐体
（富士通（株）提供）

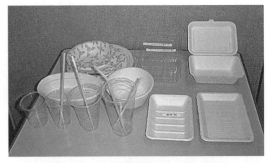

写真 7-2　ポリ乳酸から作られた食器類
（（財）地球産業文化研究所　提供）

最近では海外の大手メーカーや国内の自動車メーカーによる生産プラントが立ち上がり，200〜300円/kg程度まで価格低下してきた。様々な分野での利用が期待されている。

(2) 微生物がつくるポリマー（プラスチックス）

微生物が作る生分解性ポリマーが，シャンプー容器などに実用化されている。この生分解性ポリマーはバイオポール*（モンサント社）であり，3-ヒドロキシブチレート（3HB）と3-ヒドロキシバリレート（3HV）からなるポリエステル共重合体である。ある微生物はエネルギー貯蔵物質としてポリエステルを体内に蓄えており，その体重の60〜80%に達する場合もある。1925年に発見されたPoly(3HB)は，結晶性が高いことから機械的物性が悪く，融点と熱分解温度が近いため加工しにくいとの欠点があった。しかし，炭素源（微生物のえさ）としてプロピオン酸とグルコースを用いることにより部分に機械的物性に優れ，加工しやすいPoly(3HB-co-3HV)が生産可能となった。面白いことに餌となる炭素源の組成を調節して，共重合体の3HBと3HVの組成を制御することができる。さらに，いろいろな炭素源を用いて図8-14に

*モンサント社の市場撤退により，現在では利用は終了している。

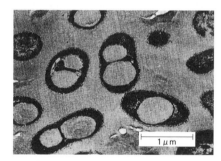

写真7-3 ポリエステル（白い部分）を体内に蓄えた水素細菌（黒い部分）の電子顕微鏡写真（理化学研究所・土肥義治氏提供）

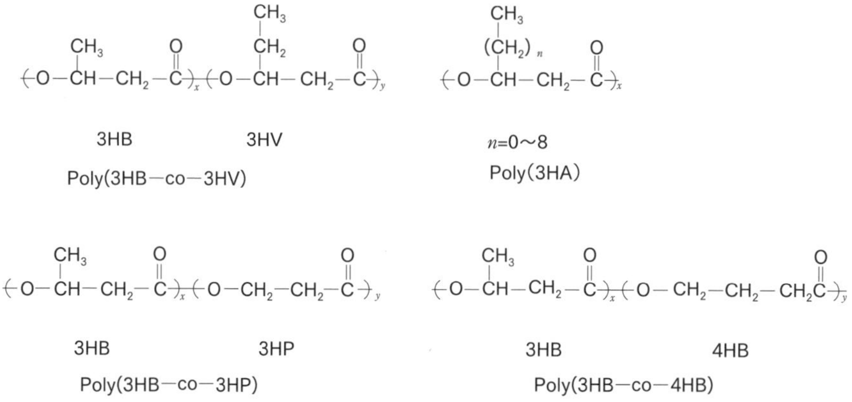

図7-14 微生物のつくるポリエステル

示すような構造のポリエステルが生合成されており，新しい機能性ポリマーとしての応用が期待される．微生物が生産していることから，このポリエステルは微生物により分解・代謝される．現在，生産コストの低減化を目指し，安価な炭素源，高収率，生合成期間の短縮などの検討が行われている．

また，ある微生物はセルロース（バクテリアセルロース）を生合成している．バクテリアセルロースは幅10〜50 nm[*]，厚さ1〜5 nmのリボン状の繊維であり，このバクテリアセルロースをシート状にして，音を忠実に再生できるスピーカーやヘッドフォンの音響振動板に加工され実用化されている．

[*] $1\,\text{nm} = 10^{-6}\,\text{mm}$

7-3-3 高分子材料のリサイクル

プラスチックスのリサイクルは，これまで工場内で発生するプラスチックス屑や農業用の塩化ビニルやタイヤなどさらには，PETボトルや食品包装用トレイなどまでかなり行われている．近年では，プラスチックスのリサイクルへの関心が高まり，これらに加えて企業の参加が増えてきた．しかしながら，多くのプラスチックス製品は，必要な物性を持たせるために，多くの素材が混合されて使用され，単一素材ではなく，ほとんどは複合化されていることが，リサイクルを困難なものにし，リサイクル性のハードルを上げている因子となっている．

高分子材料のリサイクル方法には，次のようなものがある．
1) 樹脂を溶融再生して利用するマテリアルサイクル
2) 熱や触媒などの化学的方法により樹脂を原料のモノマーに戻すケミカルリサイクル
3) 油やガスに戻して燃料にする・そのままあるいは固形燃料にして焼却してエネルギーとして利用するサーマルリサイクル

(1) マテリアルリサイクル

マテリアルリサイクルを行うには，高分子廃棄物の回収と再生処理が必要である．例えば，回収については，容器包装リサイクル法の制定や環境への関心の高まりにより，PETボトルや発泡スチロール（発泡ポリスチレン）の分別回収が行われており，回収したPETボトルはシート製品，カーペットや衣服などの繊維製品，洗浄ボトルなどとしてリサイクルされている．1995年には，PETの生産量の約2％弱が，2000年には35％弱，2005年には62％弱，2011年には80％弱（推定）が回収された．実際に回収されたPETボトルペットボトルの一部は，帝人

（株）でマテリアルリサイクルを経て，再生ポリエチレンテレフタレートが製造されている。

いろいろな方法により回収された高分子廃棄物は再生処理施設で，金属や異なった樹脂の選別・分離・洗浄・乾燥して造粒（ペレット）してから，原材料として用いられる。

このようにマテリアルリサイクルのためには，単一樹脂としての分別回収と回収・再生処理のコストの低減が必要不可欠であり，マテリアルリサイクル化されている事例は増加しているが限られている。農業用フィルムや魚箱用発泡スチロール（発泡ポリスチレン）などは，以前からリサイクルされている。

(2) ケミカルリサイクル

ケミカルリサイクルは原材料の循環利用として期待されるものである。高分子をモノマーに戻す方法は，熱分解が一般的であり，原理的には天井温度以上に加熱すればよい。ポリメチルメタクリレートではその回収率が95％以上であるが，他の樹脂では大幅に低下する。またPETやナイロンのような縮合体は，アルコール分解や加水分解により容易に収率良くモノマーにまで分解することができる。例を挙げると，帝人（株）はポリエステル製品からも破砕・造粒を経て，ポリエチレンテレフタレートの原料であるテレフタル酸ジメチルを合成し，再生ポリエチレンテレフタレートの製造を行っている。

またポリ乳酸は，熱分解によって容易に原料であるラクチドもしくは大環状ラクチドに変換できることからケミカルリサイクルとしても期待されている。

しかし，ケミカルリサイクルによる製品の製造コストは，バージンモノマーを原料とするものに比べて高価格であることが課題である。

(3) サーマルリサイクル

サーマルリサイクルは高分子廃棄物を燃焼して熱エネルギーや電力として回収する方法であり，焼却された3割程度がエネルギーとして回収されている（1993年）。

具体的な例として，廃タイヤは年間98万トン程度発生しているが，そのうち3割弱に当たる27万トンがセメント製造における補助燃料として有効再利用されている。焼却処理において，生ゴミなどの廃棄物を適切でない条件下で焼却処理すると，ダイオキシン類が発生すると言われている。廃棄高分子材料の焼却処理による熱エネルギーや電力としての回収は魅力的ではあるが，燃焼時におけるダイオキシン類の発生が懸

念されることから，濾過式集塵器の設置や自動燃焼制御の導入等による燃焼管理の徹底で対策がされている。

　この他にも高分子廃棄物を鉄鉱石の還元剤として利用する方法もある。高炉の下部において 2100℃ の温度で高分子廃棄物は一酸化炭素と水素に分解され，鉄鉱石を還元する（図 8-15）。従来の重油使用量の軽減と高分子廃棄物の大量処理が可能になることが期待されている。

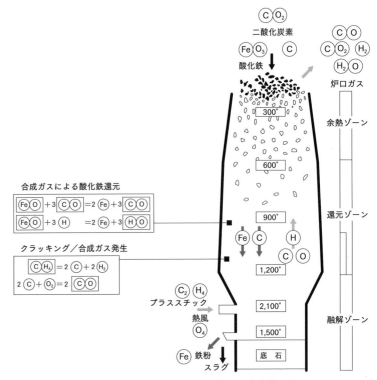

図 7-15　高炉還元剤としての高分子廃棄物の利用

参考文献

1) 高分子学会編集，『最先端材料システム One Point 6，高分子膜を用いた環境技術』，共立出版（2012）．
2) 岡崎稔，谷口良雄，鈴木宏明，『図解よくわかる水処理膜』，日刊工業新聞社（2006）．
　東レ㈱カタログ．
3) 辻秀人，『ポリ乳酸』，米田出版（2008）．
4) 土肥義治編，『生分解性高分子材料』，工業調査会（1990）．
5) 長井寿編著，『高分子材料のリサイクル』，化学工業日報社（1996）．
6) 廃棄物処理とリサイクル—最適環境とリサイクル化社会の実現を目指して—，eX'MOOK22，日刊工業新聞社（1994）．
7) 常盤豊，プラスチックエージ，7 月臨時増刊号，159（1994）．
8) 山下忠孝編，『化学の夢』，三共出版（1997）．

9) 土肥義治編,『生分解性プラスチックハンドブック』, エヌ・ティー・エス (1994).

索　引

あ 行

アクリル　70
アクリル系エマルジョンペイント　80
アクリル酸エステル　70
アクリロニトリルの電解二量化法　97
アクリロニトリル-ブタジエン-スチレン
　　三元グラフト共重合体　64
麻　159
浅絞り成形　108
アジピン酸　67, 96
アジポニトリル　97
アセタール化　70
圧縮成形　114, 122
　──法　88
厚み方向　145
アニオン重合法　113
油焼け　108
亜　麻　159
アミド結合　131
アミノ樹脂　123
網目構造　50
アミラーゼ　160
アミロース　160
アミロペクチン　160
アモルファス　24
アラミド　146
アルキッド樹脂　80, 126
アルギン酸　162
アルコール発酵　160
アルミ積層プラ袋　111
アロファネート結合　131
アンカーコート剤処理　126
安定剤　8

硫黄架橋　113
イオン性固体　6
イオン伝導　46
イオン分極　43
異形断面糸　104
位相遅れ　38
イソフタル酸クロリド　146
イソプレンゴム　115
イソプロピルベンゼン　120
一液型　78
一軸延伸　25
一段酸化　101

イミド環　150
印刷特性　107
インド麻　159
インフレーション法　106

ウィンフィールド　69
薄膜付着等製造プロセス　81
運動単位　44
運動モード　38

液晶紡糸法　148
エステラーゼ　163
エチルベンゼン　88
エチレンオキシド　100
エチレングリコール　100
エチレン-酢酸ビニル共重合体　106
エチレン-酢酸ビニル樹脂　77
エピクロルヒドリン　124
エポキシ化合物　78
エボナイト　72
エマルジョン型　76
エラストマー　23, 72, 132
塩化アリル　124
塩化ニトロシル　98
塩化ビニリデン（共）重合体　111
塩化ビニル　93
園芸蔬菜用　108
エンジニアリングプラスチックス　24, 53
　──, 結晶性　137
　──, 五大汎用　54, 137
　──, スーパー　24, 53, 136
　──, 汎用　136
　──, 非晶性　137
延　伸　25, 99, 106
延伸・熱固定　104
延伸法の種類　107
エンタルピー緩和　42
エンタルピー効果　144
エンタルピー変化　41
　──, 結晶化にともなう　41
　──, 融解にともなう　41
エントロピー効果　144
塩　ビ　94

応　力　32
　──緩和　35

　──破断　33
応力-ひずみ曲線　32
オキシ塩素化法　93
オキシム化　98
オゾン処理　126
オーディオ用磁気テープ　110
オリゴマー　12, 18
　──反応性　14
折れ線表記　61
温室効果ガス　91
温度-時間換算則　36

か 行

開環重合　67, 81
改質性　56
塊状重合　89
海水淡水化　156
海島構造　63, 90
界面活性剤　76
界面重合法　139
化学構造的多様性　76
化学的性質　10
化学物質過敏症　91, 123
可逆モノマー化　22
架　橋　20, 23
　──過程　74
核　酸　28
　──塩基　28
角周波数　37
過酸化物　85
過酸化ベンゾイル　89
荷重たわみ温度　137
ガス透過性　164
ガス透過膜　156
ガスバリア性　65, 107
ガス分離膜　156
カセットテープ　110
可塑化技術　62
可塑剤　8, 24, 94
　──の溶出　110
褐　藻　162
家電部品　141
カプセル皮膜素材　158
カプトン　150
ε-カプロラクタム　67, 98
ε-カプロラクトン　164

カーボンニュートラル 162
カーボンブラック 114
カミンスキー 59
殻 161
カラギーナン 162
ガラスクロス積層体 126
ガラス状態 15, 42, 51
ガラス状領域 36
ガラス相 16
ガラス転移温度 14
絡み合い 37
加硫 72, 74, 113
カルボキシメチルセルロース 160
過冷却 42
　　──液体状態 42
カレンダー加工法 116
カレンダーロール 131
カローザス 68
環 50
環境ホルモン 125
感光材 158
乾式 112
乾式紡糸 100
　　──法 96
乾湿式紡糸法 146
環状オレフィン系重合体 81
官能基の濃縮効果 21
緩和時間 35
緩和モード 44

機械的強度 10
機械部品 141
p-キシレン 101
気相法 85
気相流動床 59
気体透過性 107
キチン 28, 161
キトサン 28, 161
機能性 27
逆浸透膜 71, 156
キャスティング法 96, 112
キャリヤーの移動度 46
キャリヤー濃度 46
キュプラ 159
強化剤 114
強化ポリエチレンテレフタレート樹脂 65
鏡面仕上げ 150
共有結合性固体 6
共有結合性有機固体材料 14
共有結合性有機固体 5
局所電場 43
極性相互作用 14

巨大分子 10
亀裂破壊 24
銀塩写真 112
金属光沢 144
金属固体 6
金属ベルト 150

空気酸化 144
口金 40
屈折率 44
グッドイヤー 72
クメン 120
　　──法 120
倉敷レーヨン 71
グラファイト 142
グラフト共重合体 89
クラレ 71
繰り返し単位 13, 50
α-グリコシド結合 28, 160
β-グリコシド結合 28, 160
グリコリド 164
グリセリン 130
グルコース 28, 160
グルテン 163

形状固定化手法 25
形態安定性 69
携帯電話 140
軽量性 55
化粧板 124
血液透析膜 71
結晶化 99
　　──曲線 42
　　──度 42
結晶状態 50
結晶性 5, 15, 23, 56
　　──固体 144
結晶相 16
結晶領域 51
結節 147
ケミカルコスト 105
ケミカルポンプ 143
ケミカルリサイクル 111, 166
ケラチン 163
ゲル 35
ゲル化剤 158, 161
ゲルパーミエーションクロマトグラフィー 92
ゲル紡糸 149
ケン化 70
限界酸素指数 146
限外濾過膜 71, 156
懸濁重合 85, 89

──プロセス 93
高圧プロセス 85
高温殺菌 111
光学的周波数領域 44
光学特性 80
硬化剤 78
硬化促進剤 122
工業用フィルター 143
硬質塩ビ 94
硬質製品 62
硬質フォーム 132
硬質ポリ塩化ビニル 94
高周波領域 38
合成樹脂 4, 52
合成繊維 65
合成皮革 108, 129, 132
剛性率 34
構造因子 59
構造タンパク質 158
紅藻類 162
拘束相 115
光沢剤 52
高弾性率 149
剛直鎖 136
降伏点 33
高分子 12
　　──，液晶 144
　　──，環状 51
　　──効果 21
　　──，五大汎用 85
　　──材料のライフサイクル 3
　　──，鎖状 84
　　──，シート状 136
　　──，生体 27
　　──，線状 84
　　──，単結合鎖 136
　　──の融解 42
　　──，はしご状 136
　　──，分岐 51
　　──，立体規則性 60
高分子鎖の切断 22
高分子集合体としての流動性 51
高分子触媒 21
高分子性物質 13
高分子膜 156
高分子溶融体 36, 39
高炉 168
ゴーグル 140
腰の強さ 110, 149
コスト・パフォーマンス 105
固相重合 144
固体物質 5

索引

コネクター 141
ゴム 23, 72
　——相 115
　——弾性 72
　——，アクリロニトリルブタジエン 74
　——，エチレンプロピレン 74, 115
　——，加硫 72, 75
　——，クロロプレン 115
　——，硬質 75
　——，シリコーン 115
　——，スチレンブタジエン 73, 74
　——，弾性 51
　——，天然 72, 113
　——，生 72, 113
　——，ニトリル 115
　——，ブタジエン 113
　——，ブチル 115
　——，フッ素 115
　——，ポリクロロプレン 73, 74
　——，ポリブタジエン 74
ゴムジエン系合成 113
ゴム状態 42
ゴム状平坦領域 37
コラーゲン 158
コロイド状態 18
コロナ照射 126
混練り 114
コンフィギュレーション 88
コンフォ(ホ)メーション 51, 88

さ 行

最高酸化状態 144
再資源化 111
再生セルロース繊維 159
再生ポリエチレンテレフタレート 167
細胞壁 161
再溶融・紡糸 103
再利用 52
材　料 5, 8
材料設計 108
酢酸セルロース 71, 95, 159
酢酸ビニル 70
櫻田一郎 70
鎖伸長反応 78
サブユニット 15
サーマルリサイクル 167
サーモグラム 41
散　逸 34
酸化安定性 81
酸化エチレン 100, 130
酸化カップリング法 141

酸化プロピレン 130
酸化レベル 144
三酢酸セルロース 71
三次元的拡張 81
酸素透過度 107
酸素バリヤー性 111
三大合成繊維 66
三大材料 5

ジアセテートレーヨン 159
2-シアノアクリル酸エステル 78
ジアミノベンジジン 152
ジアリルフタレート樹脂 65
シェルモールドレジン 123
時間依存性 38
脂環式炭化水素構造 81
時間スケール 26
四官能 152
軸受け 139
シクロヘキサノール 97
シクロヘキサノン 97
シクロヘキサノンオキシム 98
シクロヘキサン 97
1, 2-ジクロロエタン 93
o-ジクロロベンゼン 130
自己補強効果 145
示差熱分析 41
1, 4-シス構造 113
シックハウス症候群 123
湿式ブレンド 122
湿式紡糸 100
シート 108
自動車のエンジンまわり 139
自動車用排ガス処理バルブ 142
自動燃焼制御 168
シート発泡体 108
シートモールディングコンパウンド 128
ジフェニルカーボネート 140
4, 4'-ジフェニルメタンジイソシアネート 130
ジフルオロジフェニルケトン 143
事務機器 141
N, N-ジメチルアセトアミド 104
2, 6-ジメチルフェノール 141
N, N-ジメチルホルムアミド 104
射出成形温度 88
重合開始点 20
重合技術 89
重縮合 17
充填剤 84, 122
摺動性 142
柔軟相 115

周波数依存性 38
周波数分散 38
重付加 17
重量平均分子量 91
縮合重合 17
主鎖の局所的な運動の緩和 38
樹　脂 4, 52
　——の選別 167
　——，上級透明 64
　——，成形 84
　——，透明性 80
　——，軟質 75
手術用縫合糸 161
手積法 128
ジュート 159
主分散 45
シュラック 68
純物質 15
使用形態 23
硝酸セルロース 159
晶　出 99
蒸　着 22
衝突確率 21
消防服 146
照明器具部品 144
蒸留器 128
食器産業 144
食品包装 107
食品用ボトル 111
織　布 122
ショッテン-バウマン反応 139
シリカ 142
シリンダー温度 88
シリンダー状の島構造 75
シンジオタクチシチシー 62
シンジオタクチックポリプロピレン 61
親水化 22
靭　性 68
人造絹糸 65
伸　長 32
　——ひずみ 32
浸透気化膜 156

水分率 110
水溶液粘度調節 158
水和反応 100
水和物 120
スキン-コア構造 145
スタウディンガー 63
スチレン 88
スチレン系ブロック共重合体 75
スチレン-ブタジエンブロック共重合体

　　　　　115
ステープル　100
ステレオコンプレクス結晶　164
ストリッピング　93
素練り　113
スパイラル型　157
スフ　100
スプレーアップ法　128
スライム　34
スラリー法　85
ずり　32
スワン　65
寸法安定性　110

成形　25
　　――加工性　55
　　――サイクル　116
　　――粉　122
成形法　88
　　――，移送　88
　　――，押出　88
　　――，射出　88
　　――，焼結　144
　　――，真空　108
　　――，積層　88
　　――，発泡　88,90
　　――，ブロー　88,109
製造コスト　18
製品寿命　110
生分解性高分子材料　162
製膜　105,106
製膜法の種類　106
精密濾過膜　71,156
積層体　122
石油ピッチ　150
石油留分　84
絶縁性　56
　　――電気　56
絶縁体　43,46
絶縁被覆　43
接触的脱水素反応　88
接着　76
　　――，化学的　76
　　――，機械的　76
接着剤　76
　　――，エポキシ樹脂系　77
　　――，クロロプレンゴム　76
　　――，合成高分子　76
　　――，瞬間　78
　　――，水系　77
　　――，反応型　77
　　――，ポリウレタン系　77
　　――，無溶剤型の　77

　　――，溶液型　76
接着性　107
ゼラチン　158
　　――とのなじみ　112
セルロイド　65,159
セルロース誘導体　160
繊維　23,65,143
　　――，アクリル　70,103,150
　　――系　70
　　――アラミド　69,114
　　――，共重合体　150
　　――，高強度・高弾性率　146
　　――，工業用　114
　　――，合成　65
　　――，高配向　148
　　――，高分子　65
　　――，再生セルロース　159
　　――，三大合成　66
　　――，スチール　114,149
　　――，全芳香族ポリアミド　114
　　――，タイヤコード用ポリエステル　149
　　――，ナイロン　66,67
　　――，難燃　146
　　――，半合成　65
　　――，ポリアクリロニトリル　103
　　――，ポリエステル　110
　　――，ポリエチレン　149
　　――，四大天然　65
前駆体　20,150
　　――法　150
　　――，可溶性　150
線形領域　33
線状オリゴマー　121
線状構造　20
線状分子　50
染色性　70,105
洗濯糊　160
剪（せん）断　32
剪（せん）断応力　22
剪（せん）断力　145
船底塗料　126
全芳香族ポリアミド　146
全芳香族ポリエステル　140,144
線膨張率　145
染料　105

双環構造　81
双極子-双極子相互作用　104
双極子の配向分極　43
双極子モーメント　44
創傷被覆保護材　161
双性イオン　78

増粘剤　161
相分離構造　74
相　溶　16,91
相溶化剤　9,16
相溶系ポリマーアロイ　141
造　粒　167
側鎖の運動の緩和　38
素　材　8
粗製ガソリン　84
組成分布　59
塑性変形　51
速乾性　69
ソハイオ法　103
ソフトセグメント　74,115
損失コンプライアンス　39

た　行

ダイ　109
ダイオキシン　91
　　――類　167
耐寒性　112
耐熱ラップ　112
耐候性　80
耐光性　146
耐衝撃性　60
耐熱温度　53
耐熱性　136
　　――，化学的　136
　　――，光ガイド　140
　　――，物理的　136
耐腐食性　56
耐摩耗性　60
タイヤコード　114
ダイラタンシー　40
多官能イソシアネート　129
ダクロン　69
多層化　81
ダッシュポット　34
　　――モデル　16
脱　離　138
多糖類　27
単一活性種触媒　61
炭　化　22
短鎖分岐　56
炭酸ジフェニル　140
単　糸　103
弾　性　33
　　――限界　33
　　――要素　34
　　――体　35
弾性率　33
　　――，剪（せん）断　34

索 引

――, 剪(せん)断緩和　36
――, 損失　37
――, 貯蔵　37
――, 引張　34
弾性流入効果　40
炭素繊維　71
担体　27
単独重合　90
単分散　11

チキソトロピー　39
逐次型　18
逐次型重合　17, 18
逐次重合型　12
チーグラー　57
――触媒　56
中空糸型　157
注型法　88, 95
注型有機ガラス　95
超延伸　149
長鎖分岐構造　56
超耐熱性　144
直接酸化法　100
貯蔵コンプライアンス　39

低圧成形　128
低圧プロセス　85
低温溶液重合法　146, 148
ディクソン　69
低結晶性　50
抵抗率　46
停止反応　86
低周波領域　38
帝人　69
低分子量重合体　121
鉄鉱石の還元剤　168
鉄骨・鉄筋代替　149
テトラカルボン酸二無水物　150
テトラヒドロフラン　130
テトロン　69
デニール　100
デバイ分散式　43
テーパーブロック　115
テリレン　69
テレフタル酸　100, 101
――, 高純度　101
――, ジフェニル　152
――, ジメチル　100
転移領域　37
電解質膜　156
電荷キャリヤー数　46
電気・光学的性質　10
電気的性質　43

電気伝導　46
――率　46
電気透析膜　156
電気部品　123
電気分極　43
電子線照射　126
電子伝導　46
電子分極　43
天井温度　22, 167
電線用絶縁ワニス　123
天然樹脂　52
天然多糖　161
電場配向　43
デンプン　28, 160
――, 加工　161
――糊　160

糖化製品　160
統計的集合　11
導光板　81
透湿性　107
透析膜　156
同族体混合物　12
導体　46
動的コンプライアンス　39
動的粘弾性　37
導電性　43, 45
導電率　46
透明性　56, 80
透明用途　140
東レ　69
塗装　22
ドープ　150
塗膜　124
ドメイン　145
ドラム缶用塗料　123
トリアセテートレーヨン　159
トリオキサン　138
トリメチロールプロパン　130
トリレンジイソシアネート　130
トレー　108
トレッド　114

な　行

内分泌攪乱物質　91, 125
ナイロン　67
――塩　99
――6　67
――66　67
――610　67
――, タイヤコード用　149
ナッタ　60

ナノ濾過膜　156
ナフサ分解物　84
軟化点　15
軟質塩ビ　94
軟質製品　62
軟質ポリ塩化ビニル　94
難燃性　62

二液混合型　78
膠　158
二官能　152
二酢酸セルロース　71
二軸延伸　25
二次元的拡張　81
二段酸化法　101
ニトロセルロース　65
ニトロソシクロヘキサン　98
日本ゼオン　81
乳化液　72
乳化重合プロセス　93
ニュートン流体　39
尿素結合　131
尿素樹脂　123

ネオプレン　73
ネガ型　20
熱エネルギー　167
熱可塑性　22, 52
――エラストマー　74, 115
熱可塑性樹脂　84
熱硬化性　52
熱硬化性樹脂　84
熱硬化性ポリエステル樹脂　80
熱処理　150
――試料　42
熱相転移　15
熱伝導性　142
熱分解　138
――温度　15
――反応　15
熱変形温度　137
熱容量　41
熱流束　41
ネマチック液晶　144
粘性　33, 34
――要素　34
粘性体　35
粘弾性　34
――体　35
――方程式　37
粘着性　60
粘度　34
――, 伸長　34

——，剪(せん)断　34
——平均分子量　92

農業用フィルムのリサイクル率　108
濃厚溶液　39
農ビ　108
ノズル　109
ノボラック　22
ノボラック樹脂　120
ノーマルモード　44
ノルボルネン誘導体　81

は　行

ハイアット　65
配位アニオン重合　57
　　——法　113
バイオポール　165
廃棄処理　52
配向化　99
配向むら　145
配向力　150
廃タイヤ　167
ハイブリッド材料　9
バイモダルブロック　115
ハウジング　140
バーガースモデル　35
バクテリアセルロース　166
芭　蕉　159
バージンモノマー　167
破断特性　75
8の字型ヘリックス構造　61
発煙硫酸　148
撥水処理　22
発泡シート　107
発泡スチロール　166
発泡ポリスチレン　166
パーティクルボード　124
ハードセグメント　74, 115
ば　ね　34
　　——モデル　16
バラス効果　40
バリア膜　156
パリソン　109
バルクモールディングコンパウンド
　128
パルプ　159
半合成繊維　65
パンチ孔の切れ味　113
半導体　46
半透膜　156
ハンドレイアップ法　128
反応機構別に分類した重合法　84

反応射出成形　131
反応速度式　18
バンパー　132
バンバリーミキサー　114
半反応　17

非圧縮性　34
ビウレット結合　131
光ディスク　110
光ニトロソ化法　98
光ファイバー抗張力材　149
ピクニックシート　108
非結晶　15
非晶状態　50
非晶性　5, 24
非晶領域　51
ビスコース　159
ビスヒドロキシエチルテレフタレート
　101
ビスフェノールA　124
ひずみ　32
　　——，剪(せん)断　32
　　——，体積　32
　　——，破断　33
ビッグシックス　54
ピッチ系　72
ヒートシール性　107
p-ヒドロキシ安息香酸　144
ヒドロキシエチルセルロース　160
3-ヒドロキシバリレート　165
3-ヒドロキシブチレート　165
ヒドロキシメチル基　22
ヒドロキシルアミン　98
ヒドロキノン　143
ビニル型重合　17, 18
ビニル重合型　12
ビニール袋　108
ビニロン　70
非熱可塑性　22
　　——物質　14
　　——ポリイミド　150
非プロトン系極性溶媒　104, 142
被　膜　22
非メタロセン型触媒　59
比誘電率　43
費用対効果　105
表面処理　22, 126
非流動化　25

ファン・デル・ワールス相互作用　14
ファン・デル・ワールス力　151
フィラー　16, 122
フィラメント　100, 103

フィリップス触媒　56
フィルム　105, 24
　　——，PI　150
　　——，X線写真用　110
　　——，オーバーラップ　109
　　——，共押出多層　107
　　——，金属蒸着　107
　　——，結晶性ポリマー　111
　　——，コーティング　107
　　——，コンデンサー用　110
　　——，シュリンク　109
　　——，情報記録用　110
　　——，食品包装用PET　111
　　——，青果包装　164
　　——，積層　107
　　——，単体　107, 112
　　——，展張用　108
　　——，農業用　108
　　——，汎用　105
　　——，汎用高性能　105
　　——，複合　107, 111
　　——，ベース　112
　　——，ポリイミド　150
　　——，ポリエチレンナフタレート
　113
　　——，マスキング用　108
　　——，ラミネート　107
　　——，離型　126
封止剤　125
フェニレン基　126
m-フェニレンジアミン　146
フェノキシ樹脂　126
フェノール　120
フェノール樹脂　120
フェルト　122
フォークトモデル　35
フォトレジスト　20
深絞り成形　106, 109
付加重合　17
付加縮合反応　120
不規則構造　142
複屈折　81
複合化　22
複素応力振幅　38
複素誘電率　43
袋　類　107
不織布　122
ブタジエンの直接ヒドロシアノ化法
　97
付　着　22
フックの法則　33
物　質　5, 8
物質循環　3

索引

物性の異方的賦形　25
物理架橋　74
不定形　15
不凍液　100
ブナS　74
不燃化剤　8
不飽和ポリエステル樹脂　126
プラスチックス　8, 52
　――, 強化　16
　――, 五大汎用　53, 56
　――, 製品の生産量割合　55
　――, 繊維強化　128
　――, 汎用　24
　――, 四大汎用　53
　――, タイヤチェーン　149
プラスチックレンズ　95
プリズム　81
フリーデル-クラフツアルキル化反応　120
プリプレグ　122
プリント基板　123
フレキシブルプリント基板　151
ブレーキシュウ　123
プレポリマー　14, 20
プロセスコスト　105
フロッピーディスク　110
分解　138
分岐　50
　――構造　50
分散多重度　18
分散度　116
分散特性　43
　――, 緩和型の　43
　――, 共鳴型の　44
分散力　116, 126
分子運動モード　42
分子間に引き合う相互作用　66
分子間力　136
分子サイズ・形依存性　14
分子鎖の運動性　51
分子性　7
分子性固体　6
分子性物質　3, 13
分子末端　147
分子量　18
　――のばらつき　50
　――分布　58
　――, 平均　18
分離膜　71
平面ジグザグ構造　61, 149
ヘキサミン　122
ヘキサメチレンジアミン　67, 96

ヘキサメチレンテトラミン　122
ペクチン　159
ベークライト　52, 120
ベークランド　52, 120
ベックマン転位　98
ヘッドランプレンズ　140
ペプチド　27
ヘミセルロース　159
ヘルメット　140
ペレット　167
　――化　103
変形　32
　――, 体積　32
変性剤　91
変性ポリフェニレンエーテル　54
ベンゼンスルホン酸　120
ポアソン比　34
崩壊　22
芳香族求核置換反応　142
芳香族求電子置換反応　120
紡糸　103
　――口金　103
　――, 湿式　104
　――濃度域　148
　――法の種類　100
　――, 溶媒　146
　――, 溶融　103
防黴性　69
防水シート　108
法線応力効果　40
防弾チョッキ　149
飽和体　81
保温性　158
ポジ型　20
保湿性　158
補助燃料　167
ホスゲン　130
ホットメルト型　77
　――塗料　80
ホフマン　73
ポリ(m-フェニレンイソフタルアミド)　146
ポリ(p-ヒドロキシ安息香酸)　145
ポリ(p-フェニレンテレフタルアミド)　146
ポリ(ε-カプロラクトン)　163
ポリアクリロニトリル　70
ポリアセタール　54, 137
ポリアセン　136
ポリアミック酸　20, 150
ポリアミド　54, 67, 139
ポリアミド系複合膜　157

ポリアミド酸　20
ポリアミド脂肪族　69
ポリアミド全芳香族　69
ポリアリレート　140, 144
ポリイソプレン　113
ポリイミド　20
ポリウレタン　132
　――, 硬質　132
　――, 軟質　132
　――, 発泡　131, 132
ポリウレタン樹脂　129
ポリエチレン　56
　――, 高密度　52, 57
　――, 超高分子量　60, 149
　――, 直鎖状低密度　57, 59
　――, 低密度　52, 57
ポリエチレングリコール　130
ポリエチレンテレフタラート　65
ポリエチレンテレフタレート　54, 64, 69
　――繊維　69
ポリエチレンナフタレート　69
ポリエーテルエーテルケトン　143
ポリエーテルスルホン　143
ポリ塩化ビニル　53, 62
ポリオキシメチレン　137
ポリオール　130
ポリカーボネート　54, 81, 110, 124, 139
ポリ酢酸ビニル　70
ポリ(シス-1, 4-イソプレン)　72
ポリスチレン　53, 62, 88
　――, アタクチック　63
　――, 一般的な　63
　――, 一般用（途）　90
　――, シンジオタクチック　64
　――, 耐衝撃性　63, 109
　――, 発泡　90
　――, 変性体　141
ポリスルホン　143
ポリテトラメチレングリコール　130
ポリトリメチレンテレフタレート　69
ポリ乳酸　69, 163
ポリビニルアルコール　70
ポリビニルブチラール　80
ポリフェニレンエーテル　141
ポリフェニレンオキシド　91, 141
ポリフェニレンスルフィド　142
ポリブチレンサクシネート　163
ポリブチレンテレフタレート　54, 69, 138
ポリプロピレン　53, 60
　――, アイソタクチック　60
　――, アタクチック　60, 62

──，シンジオタクチック　60
ポリプロピレングリコール　130
ポリペプチド　27
ポリベンゾキサゾール　20
ポリベンツイミダゾール　152
ポリマー　12
　　　──の構造式　12
　　　──の生成反応　17
　　　──の端の構造　12
　　　──，異種　16
　　　──，エンジニアリング　64
　　　──，機能性　23
　　　──，高性能　23
　　　──，五大汎用　85
　　　──，鎖状　14, 15
　　　──，生分解性　165
　　　──，相互貫通型　15
　　　──，熱可塑性　14
　　　──，熱可塑性ではない　14
　　　──，熱硬化性　14
　　　──，反応性　14
　　　──，汎用合成　19
　　　──，分子性固体の　14
　　　──，溶融　103
　　　──，ラダー　136
ポリメタクリル酸メチル　80
ホルマリン　120
ホルムアルデヒド　120

ま　行

巻き癖　113
マクスウェル　37
　　　──モデル　34
膜分離法　156
マクロスケールの分子鎖運動　42
末端保護　138
マッチドダイ法　128
マテリアルサイクル　166
マトリックス相　63
マニラ麻　159
マルチブロック　115
マルトース　160

ミクロブラウン　36
　　　──運動　42
水処理技術　156
水処理用分離膜の種類　157
三井化学　81

無煙火薬　159
無音歯車　139
無機充填材　139

無欠陥鎖　147
無水フタル酸　127
無水マレイン酸　127
無定型高分子溶融体　36
無溶媒　85

メタクリル酸エステル　70
メタクリル樹脂　80
メタセシス反応　81
メタロセン触媒　56, 59
p-メチル安息香酸　101
メチレングリコール　100
メチロール基　121
メラミン樹脂　123
メルトマスフローレイト　60

モノマー　12
モノマーキャスティング法　92, 95
木　綿　159
モンサント社　165

や　行

ヤング率　34

融解曲線　42
有機板ガラス　140
有機過酸化物　89
有機分子性物質　7
誘電緩和　43
誘電性　43, 45
誘電率　43

溶解性　14
溶解性相互　15
容器包装リサイクル法　166
溶剤懸濁法　85
用途開発　105
用途の盛衰　105
溶媒和　15
溶媒和分子　18
羊毛代替　70
溶融押出法　95
溶融重合プロセス　99
溶融粘度　60
溶融紡糸法　99
四大天然繊維　65

ら　行

ライフサイクル　110
ラジアルテレブロック　115
ラジエータータンク　139

らせん構造　61, 138
9/5らせんの三方晶構造　138
ラッカー　159
ラテックス　72, 77
　　　──型　76
ラネーニッケル触媒　130
ラミネート　22
ランダム共重合体　114

リオトロピック液晶　148
リグニン　159
離型性　142
リサイクル性　75
立体規則性　61
　　　──重合　20
立体規則性高分子　60
立体配座　88
立体配置　60, 88
リトレッド技術　114
リネン　159
リパーゼ　163
リビングアニオン　116
　　　──重合　75
流　延　150
硫酸アンモニウム　99
硫酸紡糸法　148
リュウゼツラン　159
流動状態　14, 15
流動領域　37
領　域　145
旅行用トランク　140

レイリーの散乱式　111
レゾール　22
レゾール樹脂　120
レトルト食品　111
レーヨン　114, 159
連鎖移動剤　92
連鎖移動反応　86
連鎖型　18
レンズ　81

濾過式集塵器　168

わ　行

ワイゼンベルグ効果　40
ワックス状塗料　80

アルファベット

α過程　45
α分散　45

索引

β緩和　38
γ緩和　38
ABS樹脂　64
AS樹脂　64
addition polymerization　17
aPP　60, 62
artificial silk　65
Barus effect　40
Bayer社　73
BHET　101
BMC　128
BPO　89
BR　113
Buna S　74
Burgers model　35
Bステージ　122
C. Goodyear　72
CA　95
Callico Printer社　64, 69
CR　115
Cステージ　122
Dacron　69
differential scanning calorimetry　41
differential thermal analysis　41
dilatancy　40
DMAc　104
DMF　104
DMT　100
DMT法　100
DNA　27
DSC　41
DTA　41
DuPont社　64
EDC　93
EG　100
elasticity　33
elastomer　72
elongation　32
EPDM　115
EPM　115
EVA　77, 106
F. Hofmann　73
fiber　65
fluid state　37
FRP　128
G. Natta　60
general purpose PS　90
glassy state　36
GPC　92
GPPS　63, 90
H. Staudinger　63
3HB　165
HDPE　57

HDT　137
high density polyethylene: HDPE　53
high impact polystyrene: HIPS　63
high pressure low density polyethylene　57
HIPS　109
Hoechst社　58
HP-LDPE　57
3HV　165
ICI社　57, 69
IG社　63
IIR　115
Imperial Chemical Industries　57
iPP　60
IR　115
J. R. Winfield　69
J. T. Dickson　69
J. W. Hyatt　65
J. W. Swan　65
JSR社　81
K. Ziegler　57
Kwolek女史　148
LCP　144
LDPE　57
LDPE高圧法　57
linear low density polyethylene: LLDPE　57
LLDPE　59
LOI　146
low density polyethylene: LDPE　52
macromolecule　11
Maxwell model　34
MDI　130
MD法　128
MF　71
MFT　60
NBR　115
Neoprene　73
NIR　72
P. A. Schlack　68
PA　54, 139
PAN系　72
PBS　163
PBT　54, 69, 138
PC　54, 139
PE　56
PEEK　143
PEG　130
PEN　69
PES　143
PET　54, 64
PE-UHMW　60
Phillips社　58

PLA　163
plastics　8
PMIA　146
Poisson's ratio　34
polyacetal or poly(oxymethylene)　54
polyamide　54
poly(butylene terephthalate)　54, 69, 138
polycarbonate　54
poly(ethylene naphthalate)　69
poly(ethylene terephthalate)　54
polyethylene-ultra high molecular weight　60
polymer　11
poly(methyl methacrylate)　80
poly(phenylene ether)　54
polypropylene　53
polystyrene　53
poly(trimethylene terephthalate)　69
poly(vinylchloride)　53
PMMA　80
POM　54
PP　53, 60
PPE　54, 141
PPG　130
PPS　142
PPTA　146
PS　53, 62, 88
PSF　143
PSP　108
PTMG　130
PTT　69
PVAc　70
PVC　53, 62
reaction injection molding　131
RIM　131
RNA　27
RO　71
rubber　72
rubbery plateau　37
SBR　73
SBS　75
SBS型構成　115
shear　32
SIS　75
SMC　128
S_N1型反応　100
S_N2型反応　100
sPP　60, 61
SPS　64
S-S曲線　32
strain　32
stress　32

TA　101	thixotropy　39	UF　71
TA 法　100	TiCl₄/AlR₃ 系触媒　60	viscosity　34
TDI　130	TPE　74	Voigt model　35
Terylene　69	transition state　37	volumetric deformation　32
Tetoron　69	T ダイ法　106	W. H. Carothers　68
thermoplastic elastomer　74	T ダイ法—二軸延伸法　109	W. Kaminsky　59
THF　130	UCC 社　59	Weissenberg effect　40

著者略歴

米澤 宣行 (よねざわ のりゆき)
1983年 東京大学大学院博士課程修了
現 在 東京農工大学工学部教授 工学博士
専 門 有機化学（反応化学・有機構造化学）
　　　 有機材料化学

相川 俊一 (あいかわ しゅんいち)
2007年 東洋大学大学院博士後期課程修了
現 在 東洋大学工業技術研究所 奨励研究員
　　　 博士（工学）
専 門 有機化学（有機合成・グリーンケミストリー） 高分子化学（高分子合成）

尾池 秀章 (おいけ ひであき)
1996年 京都大学大学院博士課程修了
現 在 東京農工大学工学部准教授 博士（工学）
専 門 高分子化学 有機化学

石井 茂 (いしい しげる)
1989年 東洋大学大学院博士課程修了
現 在 東洋大学理工学部教授 工学博士
専 門 有機化学・高分子

下村 武史 (しもむら たけし)
1997年 東京大学大学院工学系研究科博士課程中途退学
現 在 東京農工大学工学部教授 博士（工学）
専 門 高分子物性（機能性高分子・電気物性）

岩田 薫 (いわた かおる)
1969年 東京大学大学院博士課程修了
元 帝人株式会社 元 東京農工大学・東京都立大学（現首都大学東京）・成蹊大学・法政大学非常勤講師 工学博士
専 門 高分子化学 有機化学（有機工業化学）

吉田 泰彦 (よしだ やすひこ)
1980年 東京大学大学院博士課程修了
現 在 東洋大学理工学部教授 工学博士
専 門 有機化学・有機材料化学

要説 高分子材料化学 (ようせつ こうぶんしざいりょうかがく)

2015年2月1日 初版第1刷発行

© 編著者　米　澤　宣　行
　 発行者　秀　島　　　功
　 印刷者　田　中　宏　明

発行所　三共出版株式会社　東京都千代田区神田神保町3の2
振替 00110-9-1065
郵便番号 101-0051 電話 03-3264-5711㈹ FAX 03-3265-5149
http://www.sankyoshuppan.co.jp

一般社団法人 日本書籍出版協会・一般社団法人 自然科学書協会・工学書協会 会員

Printed in Japan　　印刷・製本 理想社

JCOPY 〈㈳出版者著作権管理機構 委託出版物〉

本書の無断複写は著作権法上での例外を除き禁じられています．複写される場合は，そのつど事前に，㈳出版者著作権管理機構（電話 03-3513-6969，FAX03-3513-6979，e-mail：info@jcopy.or.jp）の許諾を得てください．

ISBN 978-4-7827-0716-6